——国网陕西电力

职工文学作品集

（下册）

网陕西省电力公司工会　编

·北京·

图书在版编目（CIP）数据

光致：国网陕西电力职工文学作品集：上册、下册/国网陕西省电力公司工会编. -- 北京：中国水利水电出版社，2019.12
ISBN 978-7-5170-8364-1

Ⅰ. ①光… Ⅱ. ①国… Ⅲ. ①中国文学－当代文学－作品综合集 Ⅳ. ①I217.1

中国版本图书馆CIP数据核字(2019)第296014号

书　　名	光致——国网陕西电力职工文学作品集（下册） GUANGZHI——GUOWANG SHANXI DIANLI ZHIGONG WENXUE ZUOPINJI (XIA CE)
作　　者	国网陕西省电力公司工会　编
出版发行	中国水利水电出版社 （北京市海淀区玉渊潭南路1号D座　100038） 网址：www.waterpub.com.cn E-mail：sales@waterpub.com.cn 电话：(010) 68367658（营销中心）
经　　售	北京科水图书销售中心（零售） 电话：(010) 88383994、63202643、68545874 全国各地新华书店和相关出版物销售网点
排　　版	中国水利水电出版社微机排版中心
印　　刷	天津嘉恒印务有限公司
规　　格	170mm×230mm　16开本　47.25印张（总）　570千字（总）
版　　次	2019年12月第1版　2019年12月第1次印刷
印　　数	0001—2500册
总 定 价	**128.00**元（上、下册）

本书编委会

主　　任　王成文

副主任　杨　允

委　　员　林　原　张小梅　王勇增　王文海
　　　　　高军顺　李　鹏　王建波　戴　辉

主　　编　林　原

副主编　王文海　曾齐林　王建波

参编人员　段捷智　吴长宏　李　娟　林权宏
　　　　　刘紫剑　冀卫军　吉建芳　刘雅萍
　　　　　第五鑫　刘武彬　李　荣　张　萍
　　　　　辛　鹏　洪　亮　何　卓　马艳菲
　　　　　毛雅莉　张永红　周红英

序

“咱们工人有力量!”

这铿锵有力的歌词，虽然久远，却余音袅袅。在我们编辑这本书的日子里，它却不时迸出来，充盈、涌动在我的心间，让我为一群职工朋友们的文字所感动。我忽然发现，在陕西这片厚重的文学沃土上，在国网陕西电力的大家园里，竟有这么多默默无闻、坚守一隅的职工作家。我很高兴，我们的职工朋友们在工作岗位的辛勤奉献、日常生活的柴米油盐之外，内心深处依然有着对精神世界的执着和坚守，对美好生活的向往和追求。

今天，翻看《光致》，深感公司职工文学创作队伍的不断壮大，新人辈出；创作题材丰富多彩，百花盛开；作品质量逐渐纯熟，雅俗共赏。他们的言行犹如一块砺石，磨炼着我们的意志。他们的作品，有对历史文化的探究发现，也有对献身电力的深情礼赞；有对生产现场感人事迹的精彩描述，也有孜孜学习灵光闪现的读书感悟；有驴行天下的美好风光，也有闲情偶寄的情感诉说；有管理干部的工作感言，也有一线员工的生活随想……丰蕴的历史，深厚的文化，瑰丽的风情，真情真性的表达，在平淡的生活中、在平凡的岗位上、在思悟的体会里，浸染的尽是温润、洒脱、奔放与激情，展示的尽是新时代职工对美好生活的感悟，对美丽梦想的追求。

2017 年，公司工会结集出版了“陕西电力文学丛书——《光芒》《光影》《光韵》《光环》《光焰》”。今年，我们再次对近两年的优秀职工文学作品结集出版，编印了新一期《光致》，内容包括小说、散文、诗歌、报告文学、影视剧文学、陕西快书等，这是陕西电力职工文学传承的又一次提升，正如它的名字——光致，光泽而精致，晶莹剔透，温暖澄明。我们坚持鼓励职工立足工作实际，围绕生产生活，积极开展文学创作活动，就是要把文学创作的笔触，伸向公司广大职工火热的工作和生活中，反映职工的工作、生活、家庭、理想和情感，繁荣职工文艺创作，繁荣职工文化生活，凝聚共识，汇聚力量，为建设具有中国特色国际领先的能源互联网企业，为实现中华民族伟大复兴的中国梦贡献国家电网人的光和热！

本次职工文学作品征集活动从2019年4月举办以来，在公司各级工会组织和文学创作基地的大力支持下，广大职工积极响应，到10月底截稿时，共收到参赛作品322篇。一篇篇作品，一行行附言，是一股股力量的汇聚，更是一颗颗心灵的珍珠，凝结着作者的心血和汗水，倾注着他们的豪迈激情，让我感动、让我欣慰、让我振奋。我从这些职工作家身上，汲取了前进的力量，我也更加深切地意识到，工会工作肩负的责任和使命。

沐浴着和煦的阳光，散发着油墨清香的《光致》捧在手中，它既是公司企业文化建设结出的硕果，也是对作者们辛苦付出的回馈；它是对近年来公司职工文学作品的总结拾掇，更是对新一年的期盼和祝愿；它是对公司职工文学队伍的一次检阅，更是点燃公司职工心灵的礼花。这些心灵之花，正是绿叶的情谊、思想的结晶、精神的心电图，正是陕西电力职工文学迈向春天的记录、国网陕西省电力公司发展的足音和力量。它的价值，除了盘点，更有延续和传承。它将带着建设者的骄傲、创作者的荣誉永远载入公司职工文学创作的史册。

众人划桨开大船。这是舵手的力量，更是工人的力量、文化的力量。我们工会的责任和使命，就是凝聚力量，吹响号角，携手共进。乘着学习宣传贯彻党的十九大精神的强劲东风，高举习近平新时代中国特色社会主思想的伟大旗帜，齐心开动职工文学创作的大船，乘风破浪，扬帆远航。相信，被点亮的梦想必将在今后的日子里，历久弥新，历久弥坚，映照丰富、宁静、悠远的国网陕西电力文学百花园。

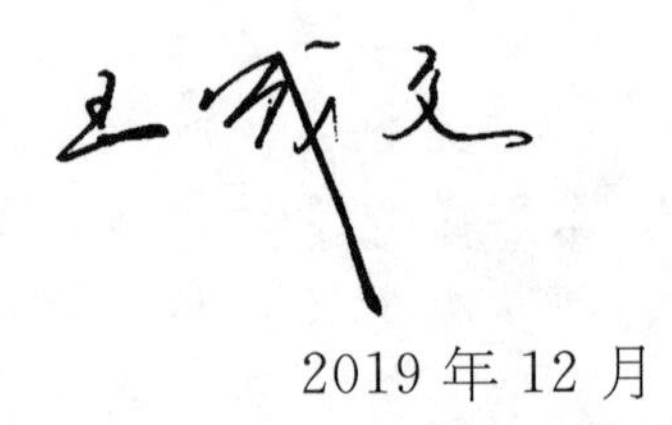

2019年12月

目　录

散　文

报　告　文　学

小　　说

影 视 剧 文 学

陕　西　快　书

诗　　歌

格　律　诗　词

报告文学

BAOGAOWENXUE

我的故事和祖国的荣光

冀卫军

岁月是一面镜子，照见着时势的流转；生活是一具活标本，见证着社会的变迁；时间是一把尺子，丈量着生命的旅程；现实是一部史书，记载着时代的烙印和荣光。

犹如“一滴水可以折射出太阳的光辉”一样，一代人“衣、食、住、行”的发展与演变，是一个时代的缩影，也从生活的一个断面或切口反映和体现着社会与时代一点一滴的进步与变迁。生于二十世纪七十年代初的我，发生在我身上的每一个故事，都客观而真实地记录着祖国日新月异和繁荣昌盛的轨迹，折射着祖国的荣光和作为一名中华儿女的骄傲与自豪。

电 的 记 忆

尽管，在我小时候的生活中，关于电的回忆多少有点灰暗和苦涩，然而在大学毕业后，我却成了一名名副其实的电力人，这完全出乎了我及亲人的意料。

在我十岁前的记忆里，最早接触的与电有关的事物并不是电本身，而是周围小煤矿定期播放的电影。据说这是矿工们可以享受的福利之一，心里就十分羡慕那些脸上黑乎乎却可以在矿区看免费电影的工人。那时，放映机的动力来自一台不起眼却很神奇的柴油发电机，尽管它从电影开始到电影结束，都嘟嘟嘟地叫个不停，却丝毫没有影响我们看电影的兴致和心情。《苦菜花》《地道战》《小兵张嘎》《闪闪的红星》等早期革命电影，都是跟着大人或同伴，自带板凳到四五里地外的煤矿上看的。其中有一次电影结束后，我与同伴走散而迷路，一个人走在黑漆漆的夜里，心里充满恐惧和无助，绝望的哭声惊动了矿区附近一位热心的大娘，是她将我连夜送回了家。父母为了表达感激之情，让我做了大娘的干儿子，逢年过节，我都会去看望她，直到她离开人世。然而在我的内心依然常常想起干娘和蔼慈祥的音容笑貌，她用人性的一丝光芒，温暖和照亮了我幼小的心灵……

我的整个小学时代都是在无电状态中度过的，那时蜡烛由于价格昂贵而成了奢侈品，各家各户几乎都在使用形态各异的煤油灯。有少数人家用的是从市场上买来的加入煤油就可以用的专用煤油灯，不仅造型漂亮，而且做工精巧。不过大多数人家用的都是自制煤油灯，它的制作工艺很简单，找一个空的墨水瓶或铁罐类容器，往里面注入煤油，在麻钱大小但比瓶口大一些的铁片中间钻个孔，然后用棉花捻成灯芯穿过小孔，这样一个煤油灯就做好了，不过灯芯要事先在煤油里浸透，那样就可以用得久一些。母亲晚上做针线活和我们晚上学习都靠一盏煤油灯照明，时间稍久，鼻孔和眼睑周围常常会留下一团团烟熏火燎的痕迹，很是让人苦恼。当然也有用油松树的松油做燃料的松油灯，松油可以就地取材，不必花钱买，不过它产生的油烟要比煤油灯更厉害。

我们村子真正用上电则到了二十世纪八十年代初，那时从总电表到用户的线路还需要自行投资，不过普通家庭几乎没有什么电器，电的用途仅限于照明，大家用的是几乎都是15瓦的普通白炽灯泡，一个月用电也就两三度。然而当时为了省钱，村子里几乎都是十几户人家共用一个电表，电费也是按各户灯泡数量多少和瓦数大小来分摊，遇到有人窃电，大家就必须共同承担额外部分的电费。那时最有趣，也是记忆最深刻的一个现象是，每年春节前一个月，村子里几乎天天限电，到处黑灯瞎火，据说是为了“攒电”过春节。不过，春节期间村子还真很少出现停电的事情。那时候的村电工可是一个人人羡慕的“吃香”角色，想让谁家灯亮就亮，想给谁家停电就停，以至于谁家要过红白喜事，都要事先给电工送点礼，防止操办红白喜事中途停电。

现如今，“户户通电”工程为穷乡僻壤的边远山区群众解决了用电之忧，“农村电气化”工程使农村的电力网络更加完备，遍布乡村、城镇的四通八达的电力网络，使电力供应更加充足，电力服务更加快捷。只要拨打一个“95598”服务热线电话，用电查询、事故报修、服务投诉等用电烦恼便会一扫而光。电视、冰箱、洗衣机、电脑等家用电器，电压力锅、电磁炉、电饼铛等电气化厨具也步入寻常百姓家。曾经的“电灯电话，楼上楼下”梦想已成为真真切切的现实，人们过上了“用电不愁，用电无忧”的现代生活，电力在社会各行业中率先实现了发展成果让人们共享的追求。

当下，中国电网的发展也实现了从超高压到特高压，从特高压到智能电网的突飞猛进，如今正奔赴在从智能电网到构建“三型两网”世界一流能源互联网的伟大征程上。电网的升级换代发展，正在带动和助推着整个社会朝着康庄大道阔步前进，凝聚着实现中华民族伟大复兴的中国梦的磅礴力量和不竭动力，一步一步引领着中国走向世界舞台的中央。

电，点亮了黑暗，带来了光明和温暖；电，点亮了希望，催生了文明和进步；电，点亮了梦想，指引了幸福和未来。

作为一名电力人，不管是走在灯火通明的小城镇，还是徜徉在流光溢彩的大都市，内心时时涌动着一股油然而生的自豪和骄傲。

借衣穿的往事

中华民族是一个有着悠久灿烂历史的文明礼仪之邦，而服装作为一种礼仪标志，也是一种语言，一种记忆，一种文化，它以非文本的方式记载着社会与生活的变迁，并成为时代发展的一个永恒的烙印和缩影。

在物资匮乏的二十世纪七八十年代，穿新衣对普通人来说一直都是一种奢侈。举国处于买布凭证的年代，要积攒够做一件新衣裳所需的布料，并不是一件容易的事情。而且，那时候，计划生育还未普及，一个家庭少则一两个孩子，多则达到六七个孩子。因此，为做一件新衣裳，父母亲们都会在心里及早提前算计一番，并对子女进行一次排队。家家户户几乎都是：一件新衣裳，今年老大穿了，明年老二穿，后年老三穿……在父母的心里，孩子大了，心眼也开了，知道“臭美”了，就要穿得尽量体面些，小屁孩就不一样了，懵懵懂懂，只要能吃饱穿暖，就会忘乎所以，衣裳新与旧就显得微不足道，根本顾不上样式过时不过时，大小合身不合身。于是，在一个家里，老大总是责任和干活最多，但也往往是穿新衣裳机会最多的一个。然而，穿着打补丁的衣裳却是人们司空见惯的一种现象，以至于会打补丁在农村一些妇女中也成了一门很吃香的手艺。小孩子由于天生好动、贪玩，且一年四季除了冬季外，其他三季衣服基本上都是通用的，衣服的膝盖和屁股往往是补丁最多的地方，大人们则在小孩补丁位置的基础上增加了肩膀，因为经常用扁担挑东西的缘故。当时，大家在穿衣上可谓是半斤八两，谁也别笑话谁，很少有人因为穿补丁衣服而觉得低人一等或在人前抬不起头。时至今日，我年过七旬的母亲还经常感叹：“当时的衣服不知为啥那么不经穿，烂得那么快?”当时的衣裳，布料以粗布为主，颜色以蓝、灰、黑、白为主色调，样式除了一些中老年妇女穿一些老式偏襟的衣服外，其余不论工人、农民，还是干部、知识分子，基本都穿起了改良的军便服，男女服装除了领口和衣袋等有所不同外，其他几乎没有什么差异，更谈不上个性色彩，后来有人形象地称其为“全民皆兵”时代。

小时候，我和小伙伴们最神气的一身衣服是带着红领章、五星领徽的自制绿军装，扎上棕红色武装带，胸前佩戴毛泽东像章，脚蹬一双草绿色解放鞋。成年人则把穿一件得体的四个兜的中山装上衣当成炫耀的资本和时尚。不过，当时我最怕过五四青年节、六一儿童节和十一国庆节，因为不管是小学还是中学，每年在这些节日到来前，都面临着学校组织开展的一些类似于大合唱等形式的集体文艺表演节目，而且要统一着装——白衬衣、蓝裤子，逼得我经常要想方设法向其他同学借白衬衣、蓝裤子当演出服。记忆中有好几次，我都因一时借不到衣服而不得不“等鸡下蛋”——等着其他年级和班级的同学节目表演结束后，才匆匆忙忙穿着他们换下来的衣服仓促上场，很是狼狈和无奈。

直到二十世纪八十年代末九十年代初，一部《街上流行红裙子》的电影，才渐渐使人们重新审视自己过去的穿戴习惯，年轻人慢慢开始尝试着穿一些诸如喇叭裤、尖领衬衫、牛仔裤等所谓的“奇装异服”。标新立异、追求个性的思潮迅速席卷了封闭了已久的中国人，从此中国逐渐融入世界服装潮流之中，人们的穿衣打扮渐渐跟着影视明星和流行时尚走，变得眼花缭乱和多姿多彩起来，并在不断缩小着与世界的差别和距离。当初人们的“一衣多季”，甚至是一件衣服既当冬装又当春秋装的困顿，与当下人们的“一季多衣”，甚至是两三天就换一件，夏天几乎是一天换一件的优越，以及当初人们的“一统天下”的全民款式与当下人们的千姿百态、追求个性的穿衣风格等形成了鲜明的对比。当今人们对衣服的质地、颜色、样式、品牌及整体搭配的挑剔和考究，也是与过去不可同日而语的，甚至在过去可能简直就是天方夜谭、痴人说梦。当初被冠以奇装异服之称的喇叭裤、牛仔裤早已普通得不能再普通，如今，西方和国际知名服装品牌大踏步涌入中国市场，与此同时，中国的旗袍、唐装等传统服装也扬眉吐气地跨出了国门，走向了世界，国际服装市场步入了“你中有我，我中有你”的兼收并蓄、求同存异的兼容时代。

穿衣的多元、丰富和相互交融，彰显了时代的开放、包容、和谐与进步。

与吃有关的词语

古人云：民以食为天。二十世纪七十年代末和八十年代初，家家户户可吃的东西极为有限，在十岁左右的孩子眼里，吃无疑是最有诱惑的，玩只能屈居第二位，与现在孩子的心理需求刚好相反。关于 30 年的记忆中，自然会与吃有关，与一些词有关。

第一个与吃有关的词非“过年”莫属。在儿时的记忆中，过年简直可以与“好吃好喝”之间画等号。家家户户，不管平时的日子多么忙碌，多么清贫，一到年关，大人、小孩都积蓄了足够的时间来消遣，都准备了相对丰盛的物品来享用。在小孩子的眼里，过年有新衣穿，有平时吃不到的白面馒头、大肉和其他父母力所能及提供的稀罕东西。而对大多数父母来说，过年可算得上一种甜蜜或幸福的苦恼和负担。当初最让每个小孩眼馋、嘴馋的莫过于如今已逐渐销声匿迹的各式瓶装的水果罐头。在广大农村，逢年过节，罐头、白砂糖或古巴黑糖、手工挂面几乎成了人们走亲访友必不可少的礼品当中的主角。往往一瓶罐头，一包糖在亲朋好友之间转了个圈又回到了起点，只是，这时候罐头瓶上的商标要么已残缺不全，要么已去向不明，糖外面的包装由一层变成了多层而已。当初城镇居民过年前的集体大采购风暴，如今已渐渐降温。因为，交通的四面八达，加速了商品流通的节奏和频率，人们过年的吃、喝、用已与平常生活没有多大区别，唯一吸引人们的莫过于可以自由支配的七天春节长假。

第二个与吃有关的词当属“粮票”。粮票作为社会计划经济和商品流通发展变化的一个历史产物和时代特征，尽管，现在只具有某种意义上的收藏和研究价值，已远离了我们的生活，但是，在二十世纪九十年代初期以前，它的功用与钞票却是难分伯仲的。除了在自己家里吃饭派不上用场外，到其他公共场所用餐，没有钞票可以用粮票换，没有粮票可是万万行不通的。当初政府派往各村的工作组没有实行集中招待，而是将干部分派到不同农户家吃便餐，吃完饭，他们都要象征性地付些现金和粮票。而且，粮票还分省内通用粮票和全国通用粮票两种，以至于，同样面值的粮票，全国通用粮票要比各省省内通用粮票受欢迎得多。

第三个与吃有关的词当属“下馆子”。下馆子最初的含义应该是到饭馆吃一顿，后来渐渐演化为曾很流行的“撮一顿”。时至今日，在我心灵深处依然保存着对下馆子的种种难忘记忆。二十世纪七八十年代，到城镇的那些零星而简陋的国营食堂或个人小餐馆吃一碗面、几两饺子或几个包子，就算下了一次馆子，对大人小孩来说，那都绝对可以算是一种难得的享受和炫耀的资本。而今，在一些大小城市里，中华民族传统的一年一度的年夜饭已悄悄地从家里转移到了酒店，而且一年比一年火。就连农村人过红白喜事，也由原来自备原料、请人加工的模式，变成了到酒店包席宴请亲朋好友，既省却了主人操办酒席的奔波和艰辛，又提高了宴请的质量和水平，可谓一举多得。

第四个与吃有关的词当属“三高一低”（即高血脂、高血糖、高血压、低免疫功能）。对普通老百姓来讲，改革开放最直接的受益是人们逐渐摆脱了贫困和饥饿，生活条件和生活水平有了大幅改善和提高。大大小小超市里琳琅满目的各色生、熟食品和商品，极大地丰富了人们饮食的种类，改变着人们的饮食习惯和营养结构，全民陷入了“高热量、高脂肪、高蛋白、低纤维食物”摄取的不良饮食习惯中，直接导致了社会上“三高一低”人群的数量与日俱增。恍然大悟的人们，饮食也开始返璞归真，从昔日单纯地解决温饱问题的吃饱，向追求生活质量和品质的吃好、吃出健康过渡，甚至上升到文化的高度。小时候，吃肉总喜欢吃肥肉，吃饭不喜欢吃粗粮，餐桌上荤菜比素菜受宠……如今，似乎一切却来了个 180 度大转弯，肥肉沦为了市场上的滞销品，粗食杂粮成了紧俏货，荤菜不敌素菜招人爱……

饮食细节和习惯的变化，传递着人们生活方式和生活品质的转变信息，见证着社会经济和百姓生活的变迁，昭示着祖国的强大富足和人民的安居乐业。

弯弯的乡路

“雨天似胶，晴天如刀，走路闪腰，骑车摔跤”的顺口溜，虽然只有寥寥数语，却形象生动地勾勒了二十世纪九十年代以前的农村交通状况，对于如今年龄在40岁及以上并在农村生活过的人来说，顺口溜中描述的情景一点都不陌生，甚至怀有一种深切的苦涩记忆。

作为70后大军一员的我，对农村落后的交通产生切肤之痛是从我上高中开始的。高中以前，我一直在小镇上学，家与学校普遍很近，大都在2公里以内，而且几乎与小镇之外的人和事没有丝毫交往，消息闭塞，往往只是在偶尔的下大雨和大雪天感到出行极为不方便，其他时候常常被习以为常所忽略。高中时，要到距离小镇30里外的县城求学，每天只有一两趟长途过路车可以搭乘。每次5角钱的车票，对于现在的家庭来说可谓不值一提，然而对于当时的一个农民家庭，5角钱可是一笔不小的开支，对我们小孩子来说，至少可以买2斤葵花子来解馋……为了节省车费，我尽量减少回家次数，一些生活必需品和换季衣服都是父母多方打听，托村里去县城办事的人捎给我。非回家不可时，就在大路旁向过路的货车或拖拉机司机求援，幸运的话，就可以少走一点路，否则30里的路就需要步行3小时左右。返校时，情况要好一些，父母会提前四处打听周围往县城方向运输沙石的小货车或拖拉机信息，希望能搭个便车。那时候，我最大的梦想就是不管什么时候出门都能有大货车或拖拉机坐，就很心满意足了。

后来，渐渐有人用价格低廉的三轮货车来载人做客运生意，并曾经在农村红极一时。其中，让人揪心的是，在天寒地冻的腊月，平常坐 8 至 10 人的三轮货车，在没有采取任何安全保护措施的情况下，竟要摇摇晃晃地载 20 余人，现在想来，不由得让人为当时的“冒险行为”捏着一把汗。

上大学时，从小镇到省城西安不足 200 里的路程，国营的中巴客车却要花费四五个小时，而且一天就只有一趟。遇到恶劣天气就更糟糕了，我曾经有过因大雪造成交通阻塞和道路中断，而饥寒交迫被困秦岭山长达 18 个小时的难忘经历……

直到大学毕业，我才赶时髦买了一辆山地自行车，甚是洋洋自得了一阵，骑着单车把小城跑了个遍。如今，铁路和高速公路网已延伸到了我所在的城市，正上演着一出“天堑变通途”的魔术，就连农村也实现了村村通水泥路，有的还通了公交车，甚至连田间地头都修了柏油路。农村逐渐告别了“晴天一身土、雨天一身泥”的行路难时代。公交车更加宽敞、舒适，班次也更加灵活便利，不仅极大地缩短了与外界的距离，公交车的数量和档次都有了翻天覆地的变化，到省城也仅需 1 个半小时左右，而且每半个小时就有一趟班次，极为舒适和方便。自行车、电动车、摩托车在城镇的大街小巷里随处可见，私家车热也在我周围悄悄地蔓延开来。

曾经以山大沟深、贫穷闭塞而著称的深度贫困地区商洛，如今境内已有两条高速公路和铁路，连接祖国东西南北，商洛一区六县也实现高速公路的“手拉手”。普通老百姓的出行方式，除了公路，还有铁路、轮渡，甚至是飞机。交通状况的改善和生活水平的与日俱增，极大地刺激和带动了交通相关的消费，最明显的就是与交通息息相关的旅游，自二十世纪九十年代以来，旅游业在各地方兴未艾，并在持续不断升温。每逢双休日或法定假日，各地的景点人头攒动，门庭若市，风光无限。家境优越的人们开始不满足于国内游，而把目光瞄准了各种打着体验异域文化与风情招牌的跨国境外游。

2014年，我的汽车梦也在一夜之间变成了现实，母亲围着新车转了好几圈，不敢相信是真的……

从最初的步行到自行车，从电动车、摩托车到公交巴士，从出租车到私家车……这些曾经不可思议的交通变化，正在缩小着乡村与城市，城市与城市的差距，增进着人们之间的交流，拓展着人们的视野，丰富着人们的生活，改变着人们的生活态度和世界观。

活在记忆中的老屋

有几日，电视上报道一些地方由于持续降雨，道路积水四溢，而上演了一幕“水漫金山”的景象：人们出行困难，只能在水滩里小心翼翼地行走；车辆行过之处，水花四溅；更有甚者，一些地段的道路因地下排水不畅，致使积水无情地涌入了一些居民的家里，人们用水桶或水盆将屋内的雨水一点点地向外排放……

此情此景，勾起了我童年一份并不美好的往事和记忆。

我家的老屋，是一座建于二十世纪五十年代的土坯房。屋前临街，屋后有一小小的院落，里面长着几棵核桃、柿子和苹果树，一个简易的花圃里种着几株月季、芍药和刺玫瑰。小院里的那些果树和花儿，曾给我贫瘠、单调的童年带来了些许希望和快乐，然而小院也曾给我幼小的心灵带来了不可弥合的自卑和伤害。

在我小时候，雨水总是很充足。家乡的小河，除了冬季水面结冰而静若处子、鸦雀无声外，其他时节，小河里的水总是哗哗啦啦、无忧无虑地“唱”个不停。每年的八九月份，阴雨常常会铺天盖地、连绵不断，让我的母亲很揪心，也让我感到一丝丝胆战心惊。

我十岁左右，我唯一的哥哥在千里之外的异乡工作，大姐、二姐已相继出嫁，家里仅剩下母亲、三姐和我三个人。尽管，每年在连阴雨天来临之前，都要找匠人将屋顶的碎瓦排查更换一些，但总难免挂一漏万。连阴雨天，屋顶还是难免会出现一些漏雨，家里的柜子、桌子、地面上总会摆放着一些大大小小的塑料盆或桶之类的容器专门对付漏雨。白天，在屋里走动，稍不留神就可能将接漏雨的塑料盆或桶打翻在地，弄得满屋泥泞不堪，甚至还招来一顿批评。夜深人静的时候，雨滴落在塑料盆或桶里的声音，会因降雨的大小而略有不同。下大雨的时候，雨滴声里夹杂着“大珠小珠落玉盘”的急促，下小雨时，雨滴声里夹杂着摆钟不慌不忙的“嘀嗒嘀嗒”声，让人很难悄然入睡。不过这些比起另一件因连阴雨引起的麻烦与苦恼，还只能算是小事一桩、小菜一碟。

老屋昔日平静而充满生机的小院，在持续连阴雨的淫威下，经常会因小院下水道习惯性的罢工而“水涨船高”，一不小心就会变成“汪洋一片”。接着，过不了多久，积水就会像脱缰的野马般来势汹汹，轻而易举地漫过不足一尺的台阶，横冲直撞地顺着门缝钻进屋子，或者从土坯墙跟基渗进屋子……

此时，我和三姐总是手忙脚乱，一声不吭地用盆或桶将屋子里的水反反复复舀起，然后倒在屋外的大街上……我和三姐往外运水的狼狈模样，以及被水漫过后满屋的狼藉不堪，让我感到十分的羞愧和自卑。同时，心里一边不由自主地悄悄埋怨和指责起远在异地的哥哥，一边天真地幻想着，如果哥哥真的懂得知恩图报孝敬母亲，就应该想办法将家里的旧房子重新翻修，那么，母亲、三姐和我就再也不用为连阴雨天担惊受怕了。偶尔还会做噩梦，梦见老屋终于不堪阴雨的多次折磨而坍塌了……

我上大学时，三姐出嫁了，哥哥不放心年迈的母亲一个人住，就接走了母亲与他们一起住，也给那种担惊受怕的日子画上了一个休止符。出乎意料的是，没人住的老屋，终究没有熬过那个秋天，就完成了它的使命而寿终正寝——坍塌了。

如今，老屋所在的那条昔日狭窄拥挤的街道已被整修拓宽，路旁栽植了樱花、紫荆等绿化树木。凹凸不平的土路，已被平整的水泥路面取代。东倒西歪、破败不堪的土坯房群，已被一排排统一规划设计的小洋房所代替。我家老屋旧址之上一座三层楼房已拔地而起，将曾经的生活风雨和担惊受怕尘封在了记忆的深处。

岁月的磨砺，滋生了力量，让老屋在苟延残喘中谢幕，在涅槃中获得了新生。时代的变迁，改写了历史，让母亲和我走出了乡村满目疮痍的老屋，住进了城市冬暖夏凉的楼房。

一个人，或一个家庭，或一代人，背后都站立着一个可以依赖和信任的祖国。一个人，或一个家庭，或一代人的故事，承载着一个国家、一个时代的梦想和希望，也是一个时代最好的见证者和代言者。昨天的辛勤付出和砥砺奋进，铸就了今天的辉煌与灿烂，今天所有拥有的荣耀和荣光，都将是明天继续前行的新起点和新高度。

甲 格 村 中

刘紫剑

两三条可并行两三辆车的街道，三五十栋三五层高的楼房，数百个行人，繁华程度不及内地的一个乡镇，这就是林芝的米林县。而看资料，米林被誉为“云端上的桃花源”，因其气候湿润、空气洁净、森林覆盖率高、含氧量达80%。“米林”藏语意为“药州”，应该是得天独厚的地理位置、众多的山川河流、复杂的地形地貌，为这边土地蕴藏了丰富的药材资源。

我住在县城东北侧的南迦巴瓦酒店，一路之隔，就是浩浩荡荡的雅鲁藏布江。两岸青山连绵，整天云山雾罩，正是藏中的雨季，一年八成多的雨水集中在这几个月下。我是八月初进的藏，待了一周时间，每天都有雨，只在大小而已。

陕西送变电工程公司承建藏中联网工程的23标段，项目部设在米林县的一个小山村，甲格村。车子出了米林县城，沿雅鲁藏布江逆流而上，大致方位西行，曲曲弯弯两个多小时后，把我放到公路边的一排民房前。细雨连绵，我拎着行李看这房子，两层，外观陈旧，装饰是繁复的藏族图案，心里不由一喜：挺好呀，可以住住原生态的藏族民居了。

不想进到里面，和内地的房屋没有区别，大白粉把墙壁刷得粉白，桌椅俨然是熟悉的办公桌椅。项目经理老黄介绍，这儿原来是废弃的村委会，他们用了极低廉的价格租过来，重新粉刷了一遍，再到县城买些桌椅配进去，就是项目部了。和其他单位比起来，条件不是一般的差，包括吃饭也是，我是中午到的，下午吃到了久违的陕西面食，也就一碗面而已，连个咸菜也没有。

吃饭时候，天已放晴，老黄见缝插针，又到工地上去了。年轻的马磊陪着我，不无歉意地笑道："这个伙食……"

我宽慰他："挺好的，我在西安，有时候也就一碗面。我是偶一为之，但你们就不行了，长期这样，只怕营养不良吧。"

马磊苦笑："我们这个标段离城市远，项目部设在村里，对工程建设是方便了，只是苦了大家伙，地方太偏，买菜不方便，只能这么凑合着。"

我看该标段的工程资料，线路的长度，工程的难度，和其他标段没有大的区别。只是多了一份比较详细的地形地质分析：线路途经地形，其中峻岭5%、高山80%、山地15%；当地地质，普通土5%、松砂石35%、岩石60%，地质构造复杂，构造活动强烈，地震活动频繁；沿线山高坡陡，不良地质作用发育，以崩塌、滑坡、泥石流、危岩危石和冻土为主，具有点多面广、分布不均等特点。

马磊给我解释："这样的地形地貌、地质条件，一言以蔽之，输电线路工程建设所能遇到的、所能想到的困难，这个地方都有。所以我常常想，有了'这碗酒'垫底，以后什么样的工程，什么样的场合，我也不怕了。"

他从电脑里调出照片给我看，悬崖峭壁上，岩石坚硬，草木青翠，身着褐色工装的工人撅着屁股，系着安全绳，小心翼翼地往上爬；山顶用塑料布搭起来的简易帐篷边上，工人们正在吃饭，粗糙的皮肤，破旧的工衣，满面的灰尘……背景是巍峨的喜马拉雅山脉，是蜿蜒如玉带一样的雅鲁藏布江，是高远辽阔的天空上白云朵朵，是一只雄鹰展开翅膀，在海拔四千多米的天空上翱翔。

28 岁的马磊，笑容总挂在嘴角，五年工龄，这是他参与的第三个工程，已经当上了项目总工。他是我走过诸多电建工地见过的数十个电建工人中，心态最好的一个。比如大家都认为供电单位比电建单位好，马磊不这样以为。他给我举例，他有几个同学分到了供电公司，都在县公司，工作十年八年，都不见得有他一年的经历复杂，不说电建工人走南闯北、四海为家的这份豪情和闯劲，就他每天接触的这些人，有县、乡、镇、村各级政府官员，有找不到工头要不到工钱的劳务派遣工，有甲方、指挥部、设计单位、供货方和老百姓，有的时候，还能见到一般人电视上才能见到的大领导，他扳着指头给我罗列。

马磊和爱人是高中同学，虽然大学不是一个学校，好在都在西安，同学聚会的时候互生好感，大二的时候明确关系，毕业时候谋划以后的生活，马磊给爱人描述电建公司多么厉害，收入多么高、效益多么好……妻子学历很高，是个学法律的研究生，不过隔行如隔山，完全“听信”了马磊的话。结婚以后，才明白电建公司是个什么样的工作性质，两人“五一”摆的酒席入的洞房，八天之后马磊就到工地去了，6 月 12 日回去参加安全培训，妻子憋了一个多月的火气终于得到发泄，狠狠把他教训了一顿。离家那天早上，妻子给他冷笑：“想得美，你走不了。”马磊不以为然，出门前一检查，身份证不见了，给老婆好话说了一箩筐，才把身份证拿到手，匆匆就往机场赶，差点误了飞机。

两人每天都视频，大约半个小时，多数时间里，都是老婆在那头说，马磊在这边笑着点头。他给我解释：“人家学法律的，咱吵不过呀。再说了，即便吵得过也不能吵。吵得赢吵不赢只是战术问题，想不想吵却是战略问题。战略对头了，一切问题都不是问题。”

我夸他：“虽然你结婚只有一年，但天资聪颖、悟性极高，家庭生活一定幸福。”

第二天中午，米林县发展和改革委员会副主任拉巴次仁带着一个汉族司机来到项目部检查工作，老远见到马磊，很热情地打招呼，还给他递烟。马磊给我说：“咱们藏族兄弟看人不重身份和地位，重交情和人品。”

拉巴好像是第一次来，把项目部的几个文件夹翻了个遍，给我翘大拇指：“你们国家电网这个公司厉害，在我们所检查的企业里，你们是管理最严格、最规范的一个。”拉巴满意地坐下来，点上烟，给项目部传达三个意思：这次检查是雨季安全普查，前两天某地塌方，伤了几个人；山上不能住人；雨天不能施工。

老黄一个劲点头：“放心吧您呐，我们和您一样小心。”

快到中午的时候，拉巴交代完了，拍拍屁股就走，老黄和小马拦不住。我看着远去的车辆，禁不住感慨：“没想到藏族的政府干部，也这么敬业、负责。”

马磊点头：“其实我发现，藏族的老百姓，身上有好多优秀的品质，知足常乐，与人为善。就说我们项目部吧，晚上睡觉，办公室也就是一把小锁，发电机和洗衣机就搁在院里，院子几乎是敞开的，在这个地方快一年了，没丢过任何东西，可谓是夜不闭户、路不拾遗。”

我问：“当地藏族老百姓对你们就不好奇吗？”

“他们更关注自己的生活。一般来的多是小孩子，五岁半的其米央珍，就住在隔壁，暑假的时候，几乎每天都来，这儿转转，那儿转转，我们把电脑打开，给她看动画片、玩游戏。还有的老乡，过来复印个照片、证件什么的。其他时间，他们就忙着喝酒、唱歌。”

“不干活吗？”

“干呀，一年也就忙四个月，五六月份挖虫草，七八月份采松茸。剩下的时间里，他们就是玩，自给自足，自娱自乐。”

我是8月10日中午到的甲格村，12日上午离开，不到两天时间里，避居大山深处的这个小山村，给我留下了深刻的印象。感觉此地的藏民，就像神仙一样过日子，只有四五十户200多人口的一个村庄，竟然还有酒吧。夜里十二点，我完成手头的稿子，还听见他们在唱，男男女女，煞是热闹。虽然听不懂藏语，但那歌声中的安详、幸福、快乐，却可以实实在在地感受到。

这里与内地相比约有一个小时的时差，早上天亮得迟，晚上天黑得慢。第二天吃过晚饭，好不容易等到雨过天晴，我想出去走一走。马磊拦我：“都八点了，天快黑了……”

我谢绝了他的好意，一个人沿着公路走。

放眼四望，是高大巍峨、层层叠叠的群山，山的上半部分都被白云笼罩着。感觉那云就是从山里生长出来的，丝丝缕缕，连绵不绝，在天空汇聚起来，不断地加重、加厚，只有左后侧的云层后面，隐隐透出金黄的亮色，提醒我，那是落日，那是西方。

耳畔忽然听到人语声，是一声简短的、隐约的、快捷的、命令式的口气。我惊醒过来，左右看看，四周绝无行人，群山静默无语，江水滔滔奔流，公路上一辆车也没有，鸟想必也休息了，天上静得可怕，暮色以可感觉到的速度和力量，一点一点压下来。鸡皮疙瘩瞬间布满全身，我心底生出深深的恐惧，我是在西藏的高山大河之间呀……

扭头一路狂奔，直到转过一个山脚，甲格村的灯光出现在眼前，我才长出一口气，调整心情，放慢脚步。村口的矮墙上，两个小女孩舍不得回家，还在玩。

简短的交流后，我知道，她俩分别是三年级的卓玛和二年级的央珍。她们用流利的汉语问我："你是到这来旅游的吗？"

我指指远处山上的铁塔，暮色中只能看出个大概的影子："我是来这里架铁塔、拉电线的，这条线路修通以后，你们村里以后再不会停电了，冬天也再不会冷了。"

两个小姑娘忽然对我行了一个少先队队礼："哦，你就是送来光明和温暖的电力叔叔呀。老师说了，要感谢你们。"

援藏笔记

——赵金

吉建芳

西藏人的眼眸特别黑，特别亮，笑容都非常灿烂，让人过目难忘。

在内地，想随便敲开谁家的门，跟人家说，我到你家喝杯水。谁让你进！还喝水，门都没有。在西藏就不一样了，你随便敲开一扇门，看到的都是淳朴的笑脸。

等将来儿子长大一些了，我一定会带他去一次西藏的，再回西藏去看一看！

西藏，像是我的半个家一样。

“去吧！没事，家里有我呢。”

我 2004 年 8 月从学校毕业，先是进了当时的西安高压供电局。在单位各个岗位转了一圈，实习结束后，2005 年被正式分配到调度通信所。

调度通信所当时信通和通信都在一起，我一直在继电保护班，主要从事 330 千伏及以上主网方面的工作，每天就是跟着师傅们学习。

2008 年四五月份，西安高压供电局和西安供电局合并的时候，我被提成了工作负责人。同年 3 月，我刚刚考上西安交通大学的在职研究生，工程管理硕士，电气工程学院的电气自动化专业。

2011 年 6 月毕业，拿到学位证书。那时还是在西安供电局调度中心工作。

2010 年，参加过陕北温控装置的一个专项检查活动。

2011 年年底，调度中心推荐我，说 2012 年有个援藏的任务，想让我去。那时候，我媳妇才生小孩没多久。我自己还是比较犹豫的，并不是特别想去。但是因为媳妇也是西安供电局的，人比较开明，工作上对我一直比较支持，认为人年轻的时候吃点苦，对个人也是个很好的锻炼。

她对我说："去吧！没事，家里有我呢。"

刚开始知道援藏这事，大概是在 2011 年 10 月。我们调度中心工会负责人王磊跟我说："有个去西藏的机会，年轻人都可以报名参加。"单位准备推荐我，因为觉得我从年龄到资历各个方面，都还是比较合适的。具体时间到底是半年，还是一年半，他让我到公司网站上搜一搜。我搜了一下，发现党政方面需要的人比较多。

援藏那个文件先是发到我们领导那里，领导可能有这样的想法，就大概跟我提了一下这事。我当时的回答是，让我先考虑考虑。

后来，领导让我看了文件。那时候，领导给好几个人都说了，大家都可以报名，公开选拔，层层遴选。我们班的年轻人当时是比较积极踊跃的，都报名了。

所以，我去援藏，既不是组织上直接下任务，指定让我去的，也不是我自己多么主动要去的，而是两方面的因素都有。

组织上有这个意向，也给我自己足够的时间考虑，然后自愿报名，再一级一级通过。最终，才确定是我去的。

2011 年年底，大概在 12 月前后，调度中心书记正式通知我说，组织决定让我去，还给了我援藏相关文件。之后，我还按要求去做了体检。

2011 年 12 月 28 日，我的小孩出生了。

过完年，大概在二三月份，公司最终确定下来就是我去。

最早听说援藏这事的时候，说是 2012 年 3 月就去。

后来，又说是 4 月份去。

最后不知道什么原因，等到我们进藏时，已经到了 5 月份。

虽然我自己并不是特别积极主动去援藏的，但是后来党组织正式通知我时，自己也想开了。

援藏是公司的事，也是国家的事。再说了，我已经把入党申请书递交了，好长时间也一直没什么反应。自己心里盘算着，通过这次援藏，会不会又向党组织靠拢一些呢？有没有入党的可能性呢？

进藏之前，我们去青海西宁参加了一个会议。就一天时间，跟着调度中心的一个主任去的。

参会的都是我们那一批各个专业的援藏干部，主要由国家电网公司西北分部牵头，大概有五六十人。由于工作性质的不同，大家的援藏时间长短不一，有半年的，有一年半的，我属于半年的那种。

5 月 4 日，进藏之前，公司欢送我们。国网陕西省电力公司去了我们三个人，先从西安到成都，再跟其他人一起坐飞机从成都到拉萨。

在西安时，干具体的工作比较多。援藏时，管理工作比较多一些。

出发之前那段时间，一方面，我重点看了一些设备相关规程等；另一方面，就是有意识地加强锻炼身体。我平常也不抽烟，不喝酒，其他方面也尽量多注意。体检的时候，各方面的指标都很正常。

其实我去援藏，除了媳妇支持，其他家人还是不太同意的，包括我的工作。

继电保护班的工作责任大、操心多，每天走得最早，回来的最晚。工作干多干少的别人都看不见，闷在房子里一待就是一整天，不像一次操作，干啥工作人们都能看得到。但是我自己觉得调度中心的工作氛围好，年轻人多，工作性质也单纯，不像有的工作需要经常跟客户打交道，我觉得都不太适合我。

以前的我，人还是比较内向，不善言谈，就希望搞技术。上大学那时候，我对计算机很感兴趣，调度中心、信通都需要计算机。

我的父母是渭南供电局的，外公、外婆在西安供电局，我小时候一直在渭南长大。我外公叫赵洪福，祖籍山西，在西安和平解放前参加革命，后来进入关中供电局。再后来，担任了关中供电局子校校长。外公身体很瘦，人比较严厉，属于不苟言笑那种，平常话不多，轻易不说话。外公对关中供电局那时的工作说得比较少，却总是爱说抗战的事。只要一说到抗战，就滔滔不绝。

其实，许多关于外公的事情都是我妈断断续续告诉我的。我外公是老党员，听从党的号召，才从山西来到了陕西。

所以很早，外公就要求我入党。本来我自己对党组织各方面的想法还不是太多，后来，慢慢地想法有所改变，就递交了入党申请书。

外公、外婆刚开始在关中供电局，二十世纪七十年代末，他们听从单位安排去渭南供电局，那时渭南还是很荒凉的一个地方，四个子女当时高中毕业后全部都响应号召上山下乡了。后来等到他们下乡回来的时候，因为父母全都在渭南供电局，其中三个就被分配在了渭南供电局。只有我舅舅回到西安供电局，因为我舅妈当时在西安供电局的临潼分局。

我父母是在渭南供电局认识的。高考前我跟父亲姓，后来，就跟我妈姓了。

我跟我爱人是在西安供电局变电站工作的时候认识的。她家人就能想得开，一个女孩，被分到变电站。她爸说："变电站，挺好的！"包括我去援藏，她父母也没有任何意见。

就这样，我就到了西藏。

"慢慢的，在西藏认识了一些社会上踢足球的人。"

刚到拉萨贡嘎机场，其实也没什么特别明显的感觉。因为我们被提前告知，到了高原上不要喝酒，不要感冒，不要随便激动，心情不要有太多的波动，容易有高原反应。同时，把吸氧的设备都给我们准备好了。

在贡嘎机场，根本用不着摆渡车。一出机场，就是外面的停车场，自己走就可以了。

西藏公司来人接我们，给每个人都献了哈达。印象中，来接我们的，援藏干部多一些。有个河南来的干部吴主任，都来三四年了。总工、调度中心陈主任则是四川人。有个藏族小伙子，是交大毕业的，叫格桑晋美。

他们对我们非常关照，行李都不让我们提。小卡车拉行李，我们坐大巴车。

第一顿饭没让我们喝酒，让喝一种红景天饮料。

西藏还是干燥得很！第一天晚上几乎就没睡着，睡不着。后来，每天晚上睡觉前，都要先给地上泼一盆子水。但还是很干，没办法。

刚到的那天晚上，我睡不着觉，就绕着住的地方转圈圈走路。刚开始，我一个人走。后来慢慢的，走的人就越来越多。

在西藏，我倒还一直没啥反应，有的人就不行了，天天都流鼻血。

我小时候经常流鼻血，长大以后就很少再流了。

在西藏时，工作之外，有大把的时间需要打发，有的人选择打麻将，还买了麻将桌；有的人喜欢骑行，买了自行车。

我比较胖，其他运动项目也不太适合，平常锻炼主要是走路，买了一双运动鞋。偶尔也爬山，拉萨市南面有一座山，刚去没多久，我就拉着王军平一起爬了一次山。刚开始王军平还不去，我硬拽着去的。

我还爬过拉姆拉措，海拔5000多米，爬得很辛苦。我们是四个人一起租车去的，途中的路况太险了，路边还有一些出车祸的车辆残骸，看样子时间已经很长了，估计只是把车上的人弄走了吧。还看到许多磕长头朝圣的。

拉姆拉措是一个神圣的地方。司机是当地人，一口气就跑上去了，我们几个慢慢悠悠地走，不敢跑。

走路的时候，有时也带着张鹏一起走。我到了西藏，啥反应也没有。张鹏刚开始到那里的时候，经常头晕。坐在会议室里开会，时间久了都头晕。

回来后就郁闷地说：“我不行了！我要回汉中。”

我鼓励他说："再坚持坚持吧。"

慢慢的，在西藏认识了一些社会上踢足球的人。

当时已经有微信了，大家就建了个群，踢球的时候互相联系。刚开始我是从 QQ 上"查找附近的人"找到他们的，我签名是热爱运动，爬山也行，踢球也行。陕西一个搞通信的老乡跟我联系了，两个人一聊，还很能聊得来。慢慢的，就进了他们的圈子。

在西藏踢球，美得很！我不是一去就跟他们踢足球的，刚开始人也不太认识，没敢踢。适应了两个多月以后，才一起踢的。我们踢的是大场，11 人制。张鹏后来也跟我一起去踢球，我当后卫，张鹏当守门员。

那时候，我们几乎每个周末都组织踢球。

后来，有人听说我们在西藏踢足球，说我们"神经病，不要命"，我觉得那有啥的，能跑动了跑，跑不动了，就在那站着啊。有时候，也在我们院子里打篮球。

人总是不活动，谁都受不了。

第一次从西藏回来的时候，我娃根本不认识我，抱都不让抱。那时候才几个月，还不会说话，但对我是拒绝的。

我 5 月份进藏，11 月份结束援藏工作。期间回来过两次，8 月份一次，国庆节一次。

8 月 20 日左右，是第一次回来。那次是在宝鸡参加高级工考技师，必须回来考。那年如果不考，就得等到下一年。当时西藏那边在过雪顿节，刚好也放假，放十天。

家里，平常我丈母娘带孩子多一些。

我援藏在拉萨，条件和环境都还好一些。想家的时候，可以跟家人 QQ 视频聊天。有时媳妇上夜班，就不方便聊天。

我们住在拉萨的直流基地。在西藏，其实是挺寂寞、挺煎熬的。

孩子小的时候，我几乎没怎么抱过，也没有给喂过奶喝。虽然期间回来过两次，但是只要一抱起来，他就又哭又闹的，非常抵触。

在西藏几个月，我比以前瘦了。我想，是不是我瘦了，孩子不太能认得出来。刚到西藏时，生活方面很不习惯。西藏吃川菜吃得多一些，我不太能吃辣的，所以很快就瘦下来了。

三个月后第一次回家。一回来，媳妇就说："咦！这咋给瘦了……"

后来那个食堂实在吃不了，因为我们那批有好多南方人，就给我们换了青藏直流基地的食堂，还带个游泳池，就感觉比较好了，饭菜的口味也比较习惯。等到 10 月份回家那次，媳妇笑着说："这下又胖回来了。"

10 月份以后，西藏很快天就冷了，回家就顺便带了一些过冬的衣服。

每次回家，小孩刚开始都很认生，我难受的不行。第二次回家就买了一些小玩具啥的，哄一哄。小孩突然看到还是有些傻愣愣的，家人一直在旁边说："这是爸爸，叫爸爸……"娃小，当然不会叫了，总是很陌生地看着我。那时候已经开始吃一些辅食了。

我这才半年时间，援藏干部还有一年半的，有三年的，那么长的时间，回去以后娃肯定不认识。

所以，援藏这事，要么早去，像付鲁川一样，没结婚之前去；要么迟去，等娃长大以后再去。只是，这事情咱自己决定不了。

我还没从西藏回来，国家电网公司“三集五大”改革，我们班就从西安供电局整体划转到了国网陕西省电力公司检修公司。

改革时说，可以双向选择。领导征求我的意见，我说：“无所谓，怎样都行！”

领导说：“那就去检修公司吧。检修公司单位刚成立，机会应该能多一些。”

我说：“行！机会多就机会多。”

就这样，我去援藏时是从西安供电局走的，回来后，就到检修公司去报到了。

等到真正进了检修公司才发现，机会是挺多的，后来，还入了党。

我们班以前叫继电保护班，现在叫二次班。改革以后，业务更多，工作更重。除了继电保护，还有自动化、直流、通信，还被调走三个刚刚培养起来的年轻人，也没有进新人。

刚从西藏回来的时候，人很黑，让太阳晒的。

平常我比较爱爬山，但不是驴友。华山去过三次。刚上班的时候没有什么装备，穿着皮鞋就上山了，后来皮鞋都烂了。那时候人也年轻，去华山看日出。结了婚以后，我媳妇不爱爬山，爱逛街，慢慢的我就爬山少了。再说了，经常爬山对身体也不好，伤膝盖。我去援藏，问她要不要顺便去西藏看看，她还不去。说要去，就去香港、去上海。

我们在西安供电局那时候，单位经常组织活动，羽毛球比赛、城墙马拉松……我也都参加。到了检修公司，工作更加繁重，活动少了。

“羊卓雍措周围的野果子比较多，他们还去摘野果子给我们吃。”

离开西藏的时候，大家的身体都适应了西藏的环境。欢送的时候，我们也都喝酒了。那段时间，大家结下了深厚的友谊。

刚回到西安，还没去上班，在家里睡得根本醒不来。

在西藏，我一直在西藏电力公司调度中心工作。就在西藏电力公司刚刚盖好的新办公楼里，环境还是不错的。

西藏电力公司不只是管理电网，水电火电都管，电厂比较多。西藏地广人稀，每个变电站的人员也少，当地的藏族人相对多一些，他们大都勤奋好学，只要我们一去，他们就几个人围着提问题，然后很认真地听讲。

西藏电力公司当地政府有一半的股份，另一半是国家电网公司参股，但当地工程的施工人员跟我们的人比起来，技术力量还是很薄弱，尤其二次系统，就更是欠缺。

国家电网公司对援藏工作的投入力度很大，也看到一些成效。最近刚刚建起来的变电站，国家电网公司接手后各方面的管理跟内地的变电站已经差不多了，以前建成的那些老变电站，刚开始许多都没有图纸、没有标牌，经常无从下手。

跟内地比起来，他们的整体管理粗放，设备运行状态不好。设备跳闸后的事故分析，手段比较少，也不够重视。而且人都比较年轻，调度处许多人员比我的年龄还小，许多都是新进的大学生，没有基层工作经验。

电科院的技术比较强，设备维护和校验都是电科院的人在做。大都是专责干的是班长的活，手底下还带一两个人。

我们带着《330 千伏保护作业指导书》，按标准化作业要求跟他们讲，定校是怎么定校的……各个地市公司都跑，日喀则、山南、林芝……都去过。可是 330 千伏的面也比较广，西藏电力公司主要是 220 千伏电网，我们就根据他们的实际情况，精简一些跟他们讲。平常他们确实定期检查比较少，我们就带着他们定期检查，紧螺丝、接线、清扫灰尘。保护的线路连接都比较密，灰尘、蜘蛛网多了，就很容易形成短路。

教他们按图接线、施工，工作要做好记录，把基础工作做好。他们之前的许多接线都不标准，没有标号的话，根本不容易查。

我们还组织各地市办了一个培训班，集中讲解一些知识。保护的功能多了，各种试验方法就现场教。

我在羊卓雍措电厂住过一周左右的时间。他们当时有条双回线停电了，我们就去跟着他们干。白天一早就出门，在外面干一整天，晚上回来。当时是 7 月份，白天很晒，也很热，有 32 摄氏度左右的样子。当时一进那个值班室，我发现值班员全都是藏族人，担心彼此有隔阂，不好沟通。实际上他们都会说汉语，只是说得不是太好。他们之间互相交流的时候，说的就是藏语。

刚开始，他们也比较害羞，不敢随便问什么，还以为我们是来检查的。慢慢接触以后，才发现我们原来是帮扶人员，是去帮助他们的，心情就放松了。我们带着他们讲解设备的运行情况，设备运行时应该注意什么，得看时钟、看岔流、看运行灯。他们听得很认真，笑呵呵地跟我们交流。

羊卓雍措周围的野果子比较多，他们还去摘野果子给我们吃。后来，再想起来那些事，还是觉得挺感动的，心里也会觉得很亲。

那种野果子应该是野苹果，不过没人管理，就自生自灭。

不到一天时间，大家就成了朋友。

羊卓雍措电厂的值班员，女同志比较多，头发就扎的是藏族的那种小辫辫。爱学习，学习的劲头还是挺让人感动的。可能以前也很少有人给他们具体地讲一些东西，我们是第一批调度专业的援藏干部。我们过去是一种形式，其实他们如果能到内地来，完全融入我们的工作中，学得可能会更快一些。

因为在那里，限于当地实际，也只能是泛泛地把面上的工作讲一讲，很难讲得很深入、透彻。

援藏回来后，我们都写过总结，写过报道。我建议了很多东西，还谈到以后的援藏工作到底应该怎么开展。国家电网公司的援藏，都是实实在在地做事，不停地对西藏投入人力、物力、财力。

在西藏，人少，寂寞，思考的时间也多，对许多事情都看得更开了。大环境确实很苦，但是艰苦的地方也可以磨炼人。

西藏水电多，但是冬天水电少，就用内燃机电厂调节电力负荷，烧油。

一次，从林芝回拉萨途中，经过一个藏民的小房子，我们信步走进去。藏民对我们很热情，给我们倒奶茶喝。他们对我们说："房子，国家盖的；电线，国家装的……感谢祖国，感谢共产党！"

"在西藏，随便敲开一扇门，看到的都是淳朴的笑脸。"

在西藏，去了山南、日喀则，更艰苦的地方，如那曲、阿里，则没有去过。其实应该去那些更艰苦的地方看看，看他们的实际工作状况是怎样的，有些什么困难，我们可以多帮一帮。

任何时候再回想起在西藏那半年的时间，觉得不单纯是结识了许多西藏电力公司的朋友，以及当地的一些朋友，最主要的是，我不但去过西藏，而且还切切实实地在那里住过、工作过、生活过。西藏电网也是国网的一分子，大家都是一家人。

西藏的风景很美，林芝那边，雅鲁藏布江那边，景色都非常漂亮。

假如可以重新选择那段经历，我肯定还是会选择去西藏，主要是如果这次不去，我可能这一辈子都很难再有这样的机会了。

我们去的时候，拉萨正在进行暖气改造，满城都在挖，扬尘特别严重，空气质量也不是特别好。买的葡萄、核桃等，很快就干了，一次也不敢买太多。剥核桃吃也是消磨时间的方法，怎么弄开呢？就拿宾馆宿舍的门夹开，剥了就赶紧吃。要是放一晚上，就干得不能吃了。以至于后来，宾馆的门都被夹坏了。

西藏的老鼠比较多。晚上睡觉，楼板上总是有响动，刚开始还以为是在装修，后来才知道，吊顶跟楼板之间有空间，那里面是有老鼠的。老鼠的动静很大，声音特别吵，尤其夜深人静的时候，“咔哧、咔哧”的，也不知道在干啥。还有一种虫子，长长的尾巴上还带着个小钳子。

我们在拉萨住的比羊卓雍措电厂的好多了。去羊卓雍措电厂之前，就听说条件比较艰苦。到了那里才知道，他们住的是单位的宿舍楼，平常楼上根本没有人，到处都是蜘蛛网。但是羊卓雍措电厂那里的风光很美，还有个游泳池。

去西藏之前，我开始学在淘宝上买东西，以前主要是媳妇在买。

在西藏，吃过藏餐，是在饭馆里吃的，但是吃不习惯，也去过藏族同胞的家里。

结束援藏工作回到西安后，我先是去了西安供电局，找我们以前的主任。开玩笑跟他们说：“我走的时候还是供电局的人，回来的时候已经不是供电局的人了。”

回来以后，没有立刻去上班，调整了一周时间，也把相关费用报销了，办了一些手续。人也特别困，后来才知道，那是醉氧。

刚开始进入工作状态的时候特别不习惯，很不适应。以前住得离单位近，上下班很方便。但是到检修公司后，离得太远，要坐公交车去上班。早上坐一个半小时，倒两次车。冬天还可以，挤一挤也很暖和，夏天就很难受了。

回来以后，人虽然回来了，但是还是会常常想起西藏。检修公司刚成立没多久，工作中的各种事情还是比较多。但是跟一起援藏的付鲁川、汪军杰还经常联系，跟张鹏也经常联系，他以前住在我隔壁。但是，跟西藏电力公司那边的人联系就越来越少了，一起踢球的那帮有时还联系。西藏电力公司本部的藏族人约占百分之三十，基层单位百分之八九十都是藏族人。

工作之余，周围的人常常喜欢听我给他们讲西藏的故事。我就给大家讲，去之前该注意些什么，哪些事情根本不用考虑，去哪儿好一些，去了以后该怎么转更好……后来，我们班好几个人都去了西藏旅游。

平常不管是从电视上，还是网络上，只要一看到跟西藏有关的画面，或者人们谈论起援藏的话题，都会忍不住心里一动。哦！我还在那里工作过、生活过，对那里有跟别人完全不一样的感情。偶尔，也会翻看在西藏时拍摄的一些照片，回想曾经的点点滴滴。我想，离别时的那一幕是这辈子都忘不掉的，也忘不了。每个人都哭得稀里哗啦的，加上又喝了点酒，那是一种从未有过的状态。

到 2012 年 11 月 5 日，刚好半年时间。

那半年里，也没有经历过什么轰轰烈烈的大事件，我们去的时候，西藏备受瞩目的青藏联网工程已经建成投运，川藏联网工程还没有开始……

在西藏，跟汪军杰之前根本不认识，就吃饭的时候聊了几句。但都是陕西人，很快就熟络了，再一起吃饭时，两个人都抢着付账。回到西安后，时不时地还会抽空见一见，说说话，聊聊西藏的那些人和事。这可能就是援藏人的感情。

四十年“驼城煤海”电记忆

陈婷婷

榆林市，因地貌走向酷似两座驼峰又被称为驼城，二十世纪八十年代，在驼城最北边的位于神府东胜煤田腹地中心的大柳塔镇，因神府煤矿的开发打响了当地经济发展的“第一枪”，所谓经济发展、电力先行，四十年来电力的蓬勃发展也让这座“煤海明珠”更加的璀璨夺目。

电网强，则百业旺。电网建设对经济社会发展和民生改善至关重要。对于国网榆林供电公司来说，始终坚持“人民电业为人民”的企业宗旨，为当地经济发展和人民生活提供可靠安稳的电能和精益求精的服务是使命，更是荣耀。

从“熬力气”到“电解放了人力”

“那时候我们这里的煤到处可见，有时候走路栽个跟头都能绊出一块煤，挖煤也全凭人力，后来有电就好了很多了……”高贵林是土生土长的大柳塔镇人，提起如今生活，在他的记忆里，是煤炭让他富了起来，是电力改变了他的生活。

1984 年春天，21 岁的高贵林穿着补丁摞补丁的衣服和村里同样衣衫褴褛的伙伴们加入了“挖煤大军”，他扛着家里的镢头、咬着划拉嗓子的麦麸窝头，在新婚妻子期盼的目光中来到离家不远的小煤矿，说是小煤矿，却没有任何的基础设施，一群人刨着地皮，用铁锹、用撬棍、用锤子……所有能用得上的工具对于这群卖苦力的人来说都是好把式。

挖煤就是个力气活，这是当时所有人的共识。

“最初采煤的时候都是明盘，不需钻洞子，采煤都是用炮炸，那时候煤矿基本没有啥管理，安全全凭各自小心谨慎，现在全都是机械化开采，发展实在是太快了。”老高提起现在的机械化采煤总是会感叹地啧啧嘴，以前是挖煤、掏煤，现在这样说就不合适了，从用炮炸、人力掏煤到电钻杆采煤再到如今的综采，人力在电的推动下彻底解放了出来，现在采煤的工人不会像以前那样苦哈哈地卖苦力了。

最初开采煤矿需要人员用水桶淘水，矿洞里如果积水多，不但会影响开采速度，也会对人身安全造成威胁，用水桶舀水的时期不久就换成了水车抽水，接着锅头机（蒸汽机）水泵上线，然后就是用柴油机抽水。随着电力供应越来越可靠，电水泵成为目前煤矿内抽水的主流。

“用锅头机抽水要不时地加火加水，动力也不稳定，用了柴油机能强一点，但是加柴油的成本很高，比用电成本贵了三倍，用了电水泵那就方便多了，电压稳定可靠，动力大、成本低，安全系数就更不用说了。”电水泵的可靠让工人们的心稳了，最让老高感到难忘的是在用电水泵之前，每当下了大暴雨就要停工，因为那时的暴雨很容易引发洪水，停工对老百姓来说就预示着少挣钱，现在用了电水泵就算洪水来了都能保证日常的开采量。

从“散、乱、差”到“现代化一条线”

1991 年神华电厂建成，煤矿开启了“用电”时代，电厂的建成也带动了煤面碎煤的销量，节省了资源，提高了煤矿收益。

在老高的记忆里，在没有用到电的时候，煤矿现场管理混乱，到处都能看到煤，现场“散、乱、差”，没有规范性可言。以前煤矿内运煤都是人推车，效率不高，现在换成了皮带输送机，人搬煤换成了装载机，人员下井安全管理也更加规范细致。如今的煤矿已经全部实现了机械化，工作现场见不到堆成山的煤，从抽水、换气、采煤、运煤、煤分类、装煤全部形成了一条现代化机械生产线，井底24小时摄像头无死角监控，这一系列的改变让煤矿现场管理更安全、更规范、更人性化。

“如今煤矿供电实现了双回路、双电源供电，真正做到了煤矿生产不停电的基本供电保障，供电公司的服务特别好，经常主动上门给我们解决用电问题。”乌兰集团武家塔煤矿电工提起现在的煤矿用电，总是一脸放心。

拉闸限电，计划供应是那个年代用电的“特色”。那个时候白天给企业生产供电，晚上才给居民供电。1999年，首座榆林330千伏一站一线变电站建成投运，随后每年开展的配网大修技改保证了配网稳定性逐年上升。2000年第二座330千伏榆神变电站的投运缓解了榆林地区的限电问题，直到2005年，榆林市地区终于彻底告别限电历史。

“现在没有限电一说了，偶尔停个电，供电公司也会很快恢复供电，现在的生活离不开电了，哪天停电一天就感觉整个生活都乱了。”提到现在的生活，市民老张总会感叹地说道：“我小时候那会大家对电没有很多依赖，那时电是个稀罕物，每天晚上灯泡能亮起来，能看个电视大家就很满足了，不像现在，离了电感觉啥都做不成了。”

幸好的是，人们的需求在不断增长，电力的发展和服务也在蒸蒸日上。

从“引入”到“送出”再到“特高压”

日新月异的现代化城市建设离不开电的支持。电力如果出现“瓶颈”，将会制约当地的经济社会发展。

在农网改造方面，国网榆林供电公司积极落实国务院关于开展农村通电和小城镇（中心村）电网改造升级的部署，以神木市大柳塔镇为例，作为国网榆林供电公司市场开拓的最前沿，从1988年最初的“老三线”到如今已经发展为77条线路，2016年对大柳塔镇6千伏配电网实施了升压改造，淘汰了线路的不合理电压等级，消除了农村用电“卡脖子”等现象，直接受益群众30000余人。电压的升级推进了农村电气化的进一步普及。

“现在我们生活和农灌用电一点问题也没有，电压稳，家里添置了很多电器都能带得动，现在的电力服务也是一年比一年好，生活质量是一点都不比大城市差。”在榆阳区酸梨海则村，村民张红旗高兴地说道，因该村原使用的老旧线路已经不能满足用电需要，国网榆林供电公司在2017年对该区域线路进行升级整改，完成4项10千伏工程并接入110千伏西红墩变电站。

经过这几轮改造，目前电网坚强，配网可靠，国网榆林供电公司供电可靠率达到100%，居民主变端电压合格率达到99.8%。

特高压电网具备大范围、大规模、大容量、高效率优化配置能源资源的特定功能，能够显著提高电力输送容量，增加经济输电距离，提升大电网安全稳定水平。作为能源大市，特高压已成为榆林实施“输电为主、西电东送、电能替代”重大能源战略的关键之举。

目前，国网榆林供电公司承担属地协调工作任务的电网工程中特高压电网工程共 6 项，未来，特高压的全线贯通投运将实现每年就地转换原煤 1100 万吨。

1988 年到 2018 年，榆林市从引入电力时代到 2000 年送出电力时代，再到如今的特高压时代，从无到有，电网发展在人民群众日益增长的美好需求中飞速推进，未来这座正在疾驰中的驼城将会在充足电力的保障下更加美好幸福。

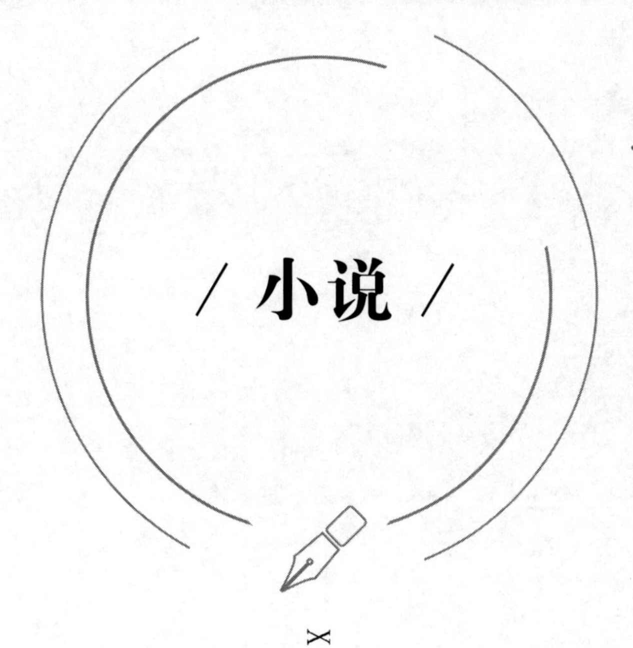

/ 小说 /

X I A O S H U O

有故事的人

王锜沄

司荣利是我认识十几年的朋友。

他是一个有故事的人。

他的故事从哪里说起呢，就从他的那件“囧”事说起吧。

那是五型班组验收前的一天，大家都在为迎接省公司的验收小组紧张地做着准备，宽敞明亮整齐的工器具车间、创新活动室、图书角、荣誉墙……司荣利突然对“西安工匠”哈国忠说：“哈师，你给我写个发言稿吧。”

“你要发言稿做什么？”

“我……我咋紧张得很，明天人来了我不知道说什么……”

“你就正常地介绍你们班组的工作、学习、生活不就行了，紧张个啥？”哈师在旁边安慰他。

“什么？司班长，你要发言稿难道要对着检查组念吗？”我在旁边实在听不下去，并且脑补了一下那个场景：当车徐徐开进整齐的厂区的时候，司班长笔直地站在门口，手捧着演讲稿，情感充沛的说，“啊——欢迎光临……”这一幕我不忍直视，赶紧将思绪拉回。

“你平时说起工作来一套一套的，这会儿可紧张个啥？”

“唉，我这人工作再多都没有问题，可是一遇到这种场合我就紧张得说不出来话……”

“你就实话实说，都是和你的工作密切相关的，放轻松。”哈师安慰着他。

这是我当时偷拍的，在高陵库区门口，平时干活风生水起毫不含糊的司荣利，在让他进行自我展示的时候，他惆怅得不得了。

第二天一早，检查小组如期来了，司荣利带着小组人员首先参观放线施工班的库房。

“大家跟着我往里走，在我的右手边，这片红色的设备是牵引机，而左手边这片区域摆放的是张力机。”司班长颇有点导游的感觉，他的声音因为紧张略有些颤抖，我在旁边忍不住想笑。

不过随着时间的推移，司班长慢慢找到了感觉，检查小组中有几个成员也是有过长期工地经验的，所以在和司班长的聊天中特别有共鸣，再加上说起这些牵引机和张力机的特性、作用、工作原理，他如数家珍，因为这些东西早已牢牢嵌在了脑海里。

接下来的参观活动室、荣誉角、小家建设、幻灯片展示等环节，司荣利终于找到了感觉，由于分公司一直特别重视放线班的五型班组建设，所以很多基础工作做得挺扎实，再加上一些亮点工作，比如创新成果、高效检索系统等，所以受到了检查小组的一致表扬。验收小组组长杨小凤不无感动地说，对放线施工班的检查让他们感触很深，作为一个长年在一线的班组，能够很用心、很精心地筹备这个班组创建，并且在工作中还有不少突出亮点，这让她很意外也很欣喜，特别是在和朴实的司班长交流过程中，她深刻体会到放线施工员平时工作的艰辛以及对待班组建设工作的用心。

司荣利就是这样的人，他不会说很多华丽的辞藻，只知道默默工作，典型的“埋头苦干型”。

这张照片是我时隔十年以后才发现的，连续的抢险救援工作让他疲惫地在现场倒地就睡着了，甚至不知道是谁给他拍的。我看到这张照片惊呼：“这么好的素材你怎么早不拿出来？”

哪知道他特别平静地说：“这有什么，当时那种情况大家都差不多，都一样的辛苦，我有什么好提的？”

虽然不善言辞，但是对待工作，司荣利却毫不马虎。

在750千伏陕北风电工程，为满足紧张的放线施工进度要求，他带领放线班克服大雪漫天的恶劣天气和道路崎岖的地形限制，第一时间深入施工现场勘察，以保证后期放线施工的顺利进行。

±800千伏上海庙工程进入放线施工的冲刺期，为了保证工程按期投运，过完元宵节，他便赶往绥德，与项目部一起勘察牵张现场。他坚持踏勘完了数十个牵张场，记录下每个牵张场的地理环境、布场方法、施工路径等珍贵资料，向大家交代了设备的锚固措施、接地措施、机头方向等，要求大家开机前除了检查设备外，需对现场工器具进行逐一排查，确保安全合格，为后期架线施工打下了坚实的基础。

330千伏西城客专工程是西成高铁供电的重点工程，他提前策划、主动出击，确认架线施工节点，盘点设备及操作人员，他积极向分公司建议，抽调其他班组成员，由放线班进行培训，培养后备力量，开展了“我们都是后备牵张手”培训活动，储备了大量后备力量，为330千伏西城客专工程的顺利完工起到了极大的促进作用。

司荣利有一个出了名的特点，就是“护犊子”，对待自己的班组员工，他“护”得紧得很。当然，这个“护”并不是盲目地“护”，而是工作上的严格要求与生活中的关怀爱护。有一件小事印象特别深刻，一天早上和他一起去高陵库房检查资料，那天特别早，路上就买了两份早餐，我自己的那份早都吃完，他的却一直迟迟不动。路上他还打了个电话，口气挺严格："都几点了还睡？还不赶紧起来，今天任务多得很!"

我一看表，其实当时才 6 点半多一点，我说他："你也太苛刻了，这才不到 7 点啊。"

他淡淡地说："工作量大没办法，准备工作特别多。"

"你这么严格估计那些员工娃们背后都偷偷骂你呢吧。"

司荣利笑笑不说话。

很快到了高陵库房，一见面他就给刚才接他电话的小伙布置了一堆当天的工作，小伙虽然脸上还存有睡意，但是听得很认真，不住地点头，临了，司荣利突然想起来什么，把手里东西递给他说："赶紧吃了再干活，还热着呢。"

我一看，这是那份路上他一直没有吃的早餐。

我突然明白了为什么班组里面那么多的员工，在面对他工作上的严格要求时，大家还都挺服他也挺听他的原因。

有些东西不需要多说，用行动表示足以。

而那天早上，他一直再没有顾上去买份早餐，就这么一直扛到了中午……

说到家庭，司荣利笑称自己是家里的"末等公民"，担任班长十余年，错过了妻子产检、孩子出生、女儿成长、父母生病很多重要时刻。特别是去年妻子查出比较严重的颈椎病，在保守治疗与做手术之间犹豫，而当时正值 750 千伏陕北风电工程紧张时刻，作为班长，从上到下事无巨细他都要操心，所以妻子又一次独自面对了……虽然嘴上有几句抱怨，但更多的是包容，她深刻明白丈夫肩上的责任。

"最幸福的时刻，就是他从工地回来，一家人围坐在灯下一起吃饭的时候，那是难得的温馨时光”，司荣利的妻子如是说。

“所以我现在回家的宗旨就是少说话，多办事，开口就说好好好。”司荣利自我总结道，“这么多年亏欠家里太多，父母、妻子、女儿哪个都要兼顾到，可是，又似乎哪个都兼顾不到……”

司荣利自认为文化水平不够高，所以特别注重学习，尤其重视班组创新，为了解决施工现场实际问题，他组织骨干力量，联合外部厂家，要求全员参与，虚心学习，努力钻研，敢于尝试，先后实现了牵张机远程控制、张力机一控多技术，一举解决了操作人员作业环境差、劳动强度大等问题。积极开展 QC 小组活动，定期组织讨论研究，先后发明出了间隔棒高空运输测量机、线上提升机、高空压接校直器等新型设备，解决了高空作业安全风险高、施工效率低等问题。

几度风雨几度春秋

风霜雪雨搏激流

历尽苦难痴心不改

“中年”壮志不言愁

在他的带领下，放线施工班被省电力公司评为 2018 年度“五型班组”，并获得了“工人先锋号”的荣誉称号。

“我们是电网建设主力军

我们在电网攻坚主战场

时刻铭记 安全第一

……”

这是司荣利作为代表，在 750 千伏西安北变电站电网建设攻坚项目誓师大会上的宣誓词。

“发挥工人先锋号作用

确保攻坚任务圆满完成！”

在司班长铿锵有力、慷慨激昂的誓词里，他接过了象征着无上荣誉的“工人先锋号”的旗。

看了现场视频，我们夸他：“司班长，授旗那天现场你表现得很不错!”

司荣利于是憨厚地笑：“活了四十多年了，那一天特别的得劲儿!”

絮絮叨叨一大堆，其实他的故事还远远没有说完。司荣利就是这样的人，简单、朴实，他不擅表达，却用行动默默诠释，哦对了，他在单位还有很多称呼，正常一点的比如“司队”“老司”“司班长”，妩媚一点的比如“司司”“荣荣”或者“利利”……每一个称呼都有一段渊源，每一个名字背后都有一段故事，如果你有兴趣听，下次再说给大家听。

相遇昨天

林权宏

郝梦思才分到我们工区时，和其他青年员工一样，也是干外勤的。因为参加野外作业时，被烈日晒得休克过去，工区考虑到她的身体情况，便把她调到拉力实验室给我打下手。

郝梦思性情活泼，富于幻想，而且性格简单。她来实验室没几天，就和我像姐妹一样无话不说。或许是刚刚进入热恋，她最多的话题，便是那位名叫高伟的帅哥。每当此时，她自是神采飞扬，喜悦之情溢于言表。

她对我讲着她心目中的高伟，周而复始，乐此不疲。他如何如何帅气；他如何如何健谈，简直是妙语连珠；他如何如何有魅力，再漂亮的女生，一旦和他接触，准会被他“电倒”……

那时我刚刚与男友分手，也乐意在分享热恋少女的喜悦的同时，来抚平失恋的伤痛。就这样早在见到高伟之前，在郝梦思的尽情渲染下，一位披着层层光环的帅哥，已经如雷贯耳一般，使我有了深刻的印象。

那天快下班的时候，我们完成了当天的实验，郝梦思神秘地说了要下楼一会儿。我便开始对做过实验的安全绳进行核对。安全绳按试验合格、试验不合格分别摆放成两堆，我一边清点数量，一边对照编号，并不时在记录本上做着记录。听到郝梦思返回的脚步声，我突然有了种不同以往的感觉。“晓茹姐”，果然接着便听到郝梦思叫我，“我给你介绍一下，这就是高伟。”我笑着向高伟打招呼，几乎没等高伟向我点头，眼睛又迅速转向安全绳堆里。因为只剩下几条不合格的安全绳，就要全部核对完了，如果稍不留神出了差错，恐怕整个就得重来一遍。郝梦思指指紧挨墙角的凳子：“你先坐一会儿，等我们把活干完。”高伟说了声好，便一声不响地坐了下来。

我们很快干完了活。我想，出于礼貌，应该和高伟聊上几句了。可是简单的几句话过后，我们便都没了话说。因为我们的谈话完全是一问一答的形式进行的，而且完全由我掌握着话题。高伟不知是过于拘束，还是其他什么原因，我不多问，他几乎多一句话都不多说。

后来郝梦思曾经不断地追问，你觉得怎么样？我先是回答没顾上细看。但是又感到这样的回答有点敷衍之嫌，接着又改口道：“还行吧。”

从郝梦思疑惑的眼神中，我知道，她对我没有表现出她所期望的热情多少有些不满，可是我说的完全是真心话。甚至在我看来，在高伟身上有一种与他的强健体魄相去甚远的腼腆。尽管以后我又和高伟见过几次面，有时是在路上遇到的，有时是他来找郝梦思的，但是并没有改变我对他的第一印象。

也许是冥冥之中命运的安排，在那次由团委组织青工举行的森林公园大穿越活动中，当我和高伟在莽莽苍苍的森林里相遇时，不但改变了我以往的印象，甚至让我第一次有了心灵的碰撞。那天，才进入森林时，大家先共同走过了一段石子路，随着我们不断向森林深入，道路开始变窄，眼前的分叉处越来越多，我们进入了自由组合阶段，先是一对对恋人离开了队伍单独行动，高伟和郝梦思自然和他们一样，走向了一条小径。接着大家根据各自的兴趣爱好，或者要探险，或者要拍照，三个一群，五个一伙地纷纷离去。我作为团支部书记，要负责大家的后勤保障，自然不能单独行动，等我回过神来时，发现队伍里仅仅剩下了我一个人。我平时方向感就不太好，现在又身处密林，很快就分辨不出东南西北。也不知走了多少冤枉路，才找到了那条能把我带到出口的小溪。

沿着蜿蜒的小溪顺流而下，穿过了一片参天古树，小溪突然一分为二，一条向左，穿过一片草丛，继续流向前面的森林；另一条却向右拐，朝着不远处的乱石流去。我不得不停下步来，犹豫着究竟该走向那边。不经意间我看了看手表，离要求返回停车场的时间，仅仅剩下了不到四十分钟。我心急如焚，又不知所措。突然，不远处走来一个熟悉的身影，啊，这不是高伟吗。我在心里一阵惊喜，急忙叫住了他。听到有人叫，他循着声音几步就到了跟前。我往他身后看了看，不解地问："梦思呢？你把我们的美女丢哪儿了？"高伟告诉我，他喜欢冒险，本打算带着郝梦思走到最深最险的地方，没想到没到一半，郝梦思就累得走不动了，每走一步都得让他拉着，而他游兴正浓，还想继续往更深处走，恐怕耽误了返回的时间，就只好让郝梦思一个人先回去。我开着玩笑说："既是这样，就没事了。要是弄丢了美女，我们跟你没完。"心里思忖道，为了历险，竟然舍得丢下女朋友一人，这样的人倒也不多见啊。

我又迫不及待地说，我们该往哪条路走呢？我连方向都搞不清了。高伟劝我不要紧张，他不慌不忙地卸下手表来，对着太阳确定了方位，然后用手一指那堆乱石堆，顺着这边走。我担心地问："这么有把握的，归队的时间迫在眉睫，你可不敢有半点差错啊。"

高伟自信地说："错不了的，要不了半个小时，就会走到集合的地点。"语气是那么的成竹在胸。

于是我和高伟一前一后，顺着溪流地方向继续往前，身旁的溪水欢快地流淌着，我们的心情也跟着欢快起来。高伟传授着辨别方向的方法，他说："时数折半对太阳，十二指的正北方。"

我取下手表，按他的办法试了试，果然不错，而且挺好使的，又方便、又简单。我对他说："真没看出来，你还蛮有野外生活经验的。"

他自谦地说："这没什么，一点小常识而已。"

我们一边说着话，一边赶着路。我在刚进森林时脚底就打了血泡，这时恐怕血泡已经磨破，每走一步都摇摇晃晃，像踩钢丝一样。细心的高伟，从草丛中捡了一根树枝，自己握着一头，又把另一头递给我让我握住。"抓住这根棍，可能会好一些。"他说。

我答应了一声，抓住了树枝。我跟着继续走着，脚下轻快了许多，心头不由掠过一丝温热。我暗暗地吃惊，真没看出来，他竟然这样细心，而且这么有分寸。

我们一走出森林，几步路就到了班车跟前。车上一片叫好，不少人以为我和高伟共同完成历险的行程，又提前五分钟返回，他们却因为担心误了时间，很多想去的地方都没敢去，这时便情不自禁地为我们鼓掌祝贺，还有人冲高伟说："这就是爱情的力量。"这些人竟然把我当成了高伟的恋人。我的脸颊感到一阵温热，想郑重声明，我们不过是偶然相遇，请大家不要误解，不要张冠李戴，他的真正的恋人就坐在车上，望眼欲穿地等着白马王子的凯旋。但是当着满车的人，我相信会越解释越说不清的，我看了看高伟，他好像一点也不在乎这种玩笑。我也就不再多说，我又暗中瞄了郝梦思一眼，也像什么都没听见似的。

在这之后，我和高伟心里的距离仿佛一下子被拉进了。他再来实验室时，我们都没有把对方当外人。我本来就待人热情，而高伟更是充满了活力，我们只要聊上几句，就有说不完的话。每当此时，郝梦思倒成了旁观者，站在一边一句话都插不上。直到郝梦思提醒："嗨，该回家了。"他看看表，抱歉地说："时间不早了。"和我们一块下楼，临分手时，仍有些意犹未尽。

而我也不知不觉地，每到下班的时候，就有些神不守舍。如果不是有郝梦思在场，我简直恨不得到门口等他了。有几次，高伟没有来接郝梦思，我竟然心里空落落的，失魂落魄一样。忍不住想问郝梦思，高伟怎么没来？到底有什么事呢？可是我看到她没事人一样哼着小曲，话到嘴边，又不好意思开口，莫名的惆怅便涌上心头。

我在心里接连问着自己，难道你爱上了高伟？莫非高伟也在暗中追你？他来接郝梦思，只是一个幌子，真正目的是要见你？我仔细回忆着和高伟接触以来的每一个细节，我更加相信了自己的判断。尤其是最近几次，与其说他来找郝梦思，不如说更像找我聊天。这样想着，我不免为郝梦思感到悲哀，这个傻丫头，还蒙在鼓里呢。随即我又向自己警告，你和郝梦思可是姐妹呀，千万不能做出对不起姐妹的事情。我在心里发着狠，必须尽快遏制住这种感情。

我开始有意回避高伟。估计高伟快来的时候，我不是找个借口提前开溜，就是先躲到其他工作室，听到他们下楼的脚步声直至消失，然后回来收拾下班。但是，我很快就发现，要想躲避一个人竟是那样不容易。尽管我的人避开了高伟，可是，我的心里一刻也没有避开他，而且越是想方设法地避开他，满脑子越是想着他。他到我们实验室来没见着我时脸上流露出的失落，反复在我眼前晃着。

终于我在回家的路上碰见了高伟。高伟兴奋地说："真没想到，会在这里见着你。"但是从他的眼神中，我分明感觉到他已经等我多时了，而且等过不止一次。高伟说："还没吃饭吧？我请你共进晚餐，你不会不赏脸吧。"我想推说有事要走，但是他不容拒绝的语气，还有企盼的眼神，都不容我有半点推辞。我们就近去了一家湖南菜馆。

落座后，他开诚布公地告诉我，他和郝梦思的哥哥从小学就一起上学，两个人一直到高中毕业，关系非常要好，因为这层关系，他自然和郝梦思的关系很亲近。郝梦思小时候身体不好，他就像她的哥哥一样，悉心照料她，体贴她。她天真活泼，爱幻想，尤其是喜欢想当然，以至于长大后曲解了这种感情，和她在一起，他总觉得有些不自在，但又不知道问题出在哪里。

说到这儿，他停下来看着我。我示意他说下去。我相信他说的没有半点假话。尽管郝梦思对他一往情深，但是，他的内心没有激起哪怕半点爱情的涟漪。这一点，最近我也是有所察觉的。他接着说："自从见到了你，我终于明白，我和郝梦思之间的感情尽管很纯洁，很美好，但是它和爱情完全是两码事。爱情是要有一种怦然心动的感觉的，这种感觉，我和她怎么可能有呢？你一定记得第一次见到你的情景吧。那时我们尽管只是打了个照面，可是，你的举止神态，细微的动作，无不深深地打动着我，它是陌生的，但是又是那样的熟悉，好像在很久以前就见过。那时，我终于找到了那种感觉，所以我变得笨口拙舌，呆若木鸡。随着时间的推移，我更加相信我的判断是不会错的。"

我看着他，心一下慌乱起来：“快别这样说了，你的感觉是没有道理的。”

他没有因为我的阻止停下来，“所以，今天我就是要向你表白，”他像对说过的话做着小结，继续说，“我喜欢的人就是你，你才是我的真正所爱。”

他的语调很平静，却犹如石破天惊。我像掉入激流一样，顺流而下中极力挣扎着，我说：“这怎么可能呢？你的感觉是没有道理的。”

高伟说：“爱一个人是不需要任何道理和理由的。难道你不喜欢我吗？”他停下来看着我，又说：“不用回答我，从我们的交往中，还有你现在的表情，我已经找到了答案。”

我不断挣扎着。我说：“你不该有这样的想法，你难道不知道，我和郝梦思的感情有多深。”

他说：“可是这和我们并不矛盾呀。而且，我会在合适的时候向郝梦思解释清楚的。”

我想，既然硬的我说不过他，就软推吧。我无力地摇了摇头，说：“人生大事，我们还是要慎重一些，容我考虑考虑再说吧。”

接下来的日子，再也没看见高伟来接过郝梦思。郝梦思还像往常一样，轻盈的脚步像小燕子一样飞来飞去，时不时地哼几句流行的情歌，神采飞扬地向我说着高伟。几天之后，她就有点沉不住气了，她的话变得越来越少，不是坐立不安，就是一个人坐在那儿，独自发呆。看着她情绪低落的样子，我的心里很不是滋味，因为这是因我而起的，但是，高伟有叮咛在先，他会找合适的机会对郝梦思解释，我只好装作什么也不知道。

与此同时，高伟还是经常以种种理由，在下班的路上和我相遇。我知道，他碰见我的所有理由都只是借口，可是，我又不忍心当面揭穿他，在我看来，他的热情，是能将冰雪融化的。他从来没问过我，考虑得怎么样了？有感于他的良苦用心，也出于对自己说过的话负责，我不得不认真地考虑着，我们的关系该怎样发展。

经过再三权衡，我几乎下了决心，要对他做出他所期望的回应了。那天早上到了班上，郝梦思先我而到，她正在擦拭着实验台，她的气色很不好，眼泡发肿。不等我问怎么了，她的眼泪就滚了出来，她告诉我，有第三者插足她们的爱情了。高伟提出要和她分手。

原来在昨天晚上，郝梦思约见了高伟，问他怎么这么久没有音信？他却告诉郝梦思，他们之间是怎样一种感情，他力劝郝梦思对他俩之间不要抱任何幻想，要尽快地从感情的错觉中拔出来，努力寻找属于自己的爱。他解释说，当他发现郝梦思对他的感情，不是他所想象的那样时，一直想对郝梦思解释清楚，但是每次话到嘴边，都咽了回去，因为他实在不忍心眼睁睁地看着郝梦思伤心。郝梦思问，可是你为什么到现在又要告诉我这些呢？他说，因为终于遇到了自己心仪的姑娘，也更加懂得了什么是爱情，还有爱情和其他各种感情的区别，所以必须对她解释清楚，这既是对郝梦思负责，也是对他自己负责。

高伟本想告诉她，自己所爱的人究竟是谁。但是，郝梦思已是泣不成声，他怕再度伤害了她，便一心用好言安慰着她，暂时没再多说什么。

我生气地想：高伟，你不纯粹给我难堪吗？即使我答应你了，你也不该这样呀。何况我还没答应你，我们之间什么都没发生啊。然后又回过头来安慰郝梦思：“属于你的跑不了的，你也不必太在意，等我见了高伟，帮你劝劝他。”

郝梦思总算静了下来。我们开始准备实验，可是只要稍停下来，她又担忧起来。一会儿问：“高伟会听你的吗？他这个人，十头牛也拉不回来。”一会又问：“依你看，高伟还会喜欢我吗？”

我又不厌其烦地安慰她：“当然了，他一直都喜欢你。”我又想起了高伟的话，虽然他很喜欢郝梦思，但那是另一种感情，我觉得高伟说得很有道理，但是我不能再这样说。

是啊，我也是这么想的。郝梦思的理解，却和我的本意大相径庭。“要不是有第三者插足，我们本该是很幸福的一对。”她沉思了片刻，分析道，“解决问题要从源头上想办法，照这样说，我们是不是也要找到这个第三者，然后让高伟死了这条心。”

听到这里，我真想拍着这桌子站起来，说，不用找了，我就是你所谓的第三者。只有我知道，我是怎样一个心胸坦荡的人，转念一想，我这样做，对郝梦思又有什么好处？恐怕受伤害的仍是郝梦思。于是我对郝梦思说：“这也许只是高伟一厢情愿，他喜欢人家，人家还未必就喜欢他。”

郝梦思却不以为然。“这怎么可能呢？不是她主动追高伟，高伟怎么会喜欢她呢？”

几句话过后，我已完全冷静下来。我抱定一个主意，既然她还蒙在鼓里，就让她还是蒙在鼓里，直至我有了圆满的交代为止吧。我告诉她我的想法：“其实也未必像你想的那样，据我所知，尽管高伟向你所说的第三者求爱，但是她至今还没有答应呢。”

去见高伟之前，我简直有满腹牢骚要找他发泄。远远的，看到他站在路口向我招手，我迎着他走过去，竟然不知道该从何说起。沿着人行道向前走着，我们都无话可说。

我终于忍耐不住，打破了沉默："经过再三考虑，你还是和郝梦思继续好吧。"

"难道你考虑了这么多天，就得出这样的结果?"高伟问我，"这不是你的真心话。"

接下来，我一条一条列举着我的理由，但是，高伟却逐条地予以反驳。

"你考虑过没有，我可比你年龄大呀，这是不符合生活习俗的。"

"真正的爱情是没有年龄的界限的，所以年龄不是问题。"

"可是，我这个人讲究现实，而你的性格又过于浪漫，我们俩从性格上就水火不容。"

"这也从另一方面验证了一个理论。爱情是需要互补的，性格上的差异，往往是最佳的组合。"

"还有……"

"还有什么?你和郝梦思亲如姐妹，恐怕抵不住来自各方的压力。这个还用多说吗?"

我发现，不管我举出怎样的理由，我又觉得有多么的充分，他总是轻而易举地，把我的理由变成他的论据。我分明知道这其中不乏狡辩的成分，但是凭着我的知识面，又远远不是他的对手。所以我只好什么也不说，用沉默来对付他。

我们很快又陷入沉默之中。在这沉寂的夜色中，我感到令人窒息的压抑，突然有了某种不祥的预感。

我的预感很快得到了证实。郝梦思不久后便调离了实验室，去了外勤班组。接替她的是丁大姐，她告诉我，郝梦思是自己要求调离实验室的。我吃惊地问："可是她的身体能适应吗?"丁大姐说：

“工区也是这么考虑的，所以听说已经拖了很久。”

丁大姐是一位比我年长十来岁的师傅，我亲切地叫她大姐，她确实有着大姐一样的风范。郝梦思调离的个中原因，她似乎也猜出了八九不离十。这孩子，太倔强了，谁也说服不了她。她叹息着对我说：“年轻人，把爱情想得太浪漫了，哪里知道，爱情和婚姻不一样，像我这般到了不惑之年，剩下的只有居家过日子，哪还有什么爱情?”

接下来的日子，我放心不下的唯有郝梦思。上班期间见不着她，我就留意外出施工和施工归来的工程车。我的目光在车厢里一遍又一遍搜寻，在戴安全帽的人群中，寻找着她的身影。几天过去了，她像失踪了一样，始终没有出现在我的视线内。我向外勤班组的一位师傅打听，才知道她外出工作的第二天，就请了病假。我想她是因为情绪不好才这么做的。但这位师傅又对我说：“她是真的有病了，大家都知道她的体质不好，不曾想这次病得这么重，前天班里还派人去看望了她。”

我震惊得说不出话来。问清病区病床号后，向丁大姐招呼一声，我便急匆匆地去医院看望她。当我赶到病房时，她的病床却空着。我又向同病室的病友打听，她们的回答，再次让我震惊：“前天下午，她们班的同事离开后，她突然情绪失控，变得喜怒无常，经过会诊，昨天已经转到精神病科了。”

我终于在精神病科的接待室见到了她。她像换了一个人似的，目光呆滞，动作迟缓。我拉住她的手，叫着她的名字，她的表情始终是麻木的。我不由得失声痛哭。

医护人员为避免病人受到不良刺激，我被迫提前终止了探视。我向他们询问，明白了她的直接病因是感情受到了挫折，导致精神受到强烈刺激，以至于完全崩溃。她们安慰道：“如果病人的感情得到了弥补，肯定是有利于病情康复的。”我不禁为这句话眼前一亮。

我迈着沉重的步子出了医院。我不知道我以前做的，到底是对还是错，但是我想，我有必要认真考虑我的选择了。回到实验室，正是工间休息时间。丁大姐做着运动，她的录音机里咿咿呀呀地唱着地方戏。她对我介绍：“这是一出《姊妹易嫁》，可有意思啦，分明是姐姐要出嫁呢，眼看着要拜堂成亲了，却换成了妹妹。”

丁大姐实际上完全是说者无心，我却从中听出了另一番寓意。我决定要全力以赴说服高伟，劝他和郝梦思重新和好。如果说高伟一直在等着我对他的表白做出回应的话，我想，这就是我的回应。

可是凭以往的经验，我知道，要说服高伟谈何容易。我不得不提前做好种种假设，以怎样的方式表达我的想法，怎样告诉他我的理由，还有对他可能表现出的反应该怎样去反驳。经过一番充分的准备，还没见到他时，我已经觉得自己是胜券在握了。

我和他的谈话，远比我的设想顺利得多。高伟在听说了郝梦思的病情后，深感伤心和不安。他在自责不已中，几乎完全同意我的意见。只是他在最后说，他最大的心愿，就是有朝一日，我能为他披上婚纱，如今这一愿望显然要落空了……

我欣然向他承诺，在他们结婚那天，一定要给他们做伴娘。我想，我所能做的，也只有这样，弥补他的遗憾。

郝梦思见到高伟后，病情开始出奇地好转，而且很快就康复出院。一段热恋过后，又很快确定了婚期。如期举行婚礼的那一天，我尽管承诺过要给他们当伴娘，但是却成了婚礼上唯一的缺席者。

正当他们紧锣密鼓地张罗婚礼之际，单位接到了抽调部分人员支援山区电力建设的通知。工区刚做过动员，我便第一个报名参加了援建队伍。按原定计划，我将在为他们举行过婚礼之后，奔赴新的工作岗位，后来又临时接到通知，出发的日期改在婚典那一天。

坐在即将启动的列车上，眼望窗外的站台，我百感交集。列车徐徐驶出车站，我默默地，在为一对新人祈祷……

这是发生在二十年前的一个小插曲。如今，我们都已进入不惑之年，可是这段插曲并没有成为过眼烟云，它使我更加懂得了珍惜友谊，尊重彼此的感情。婚后的郝梦思一直很健康，生活得也很幸福。据说高伟已是某企业主管生产的领导，他和年轻时一样充满活力，而且经过时间的磨砺，更增添了几分沧桑和练达。我也拥有一个爱我的丈夫，懂事的女儿。我和郝梦思见面的机会不是很多，不过只要见着面，免不了要互相打趣一番。

“原来他当初看上的是你呀。怎么不早说呢，我会拱手相让的。”

“你要让还得能让出去呀。我怎么能忍心横刀夺爱呢？”

意　　外

刘亚萍

一想到明天丈夫就要出差回来，坐在办公桌前的方萍忍不住嘴角微微上扬。

说真的，结婚这么多年，夫妻俩分开的日子还真不多。如今儿子上高二，面临高考前紧张的训练模考，午饭一家人各自在单位、学校自理，晚饭一定是要全家人在一起吃，热热闹闹地交流、聊天，说说当天的琐事趣闻。后来儿子学习紧张，基本不多说话，匆忙刨了饭，就拎着书包走了，但是夫妻俩还一直保持晚饭交流的习惯，丈夫出差这一周时间，她还真有些想他呢！

想想这么多年的家庭生活，方萍对目前的现状还是比较满意的。丈夫是供电企业一名中层干部，工作虽然繁忙，但他特别顾家，对自己和儿子疼爱有加，结婚二十多年了，逢年过节经常有小礼物相送，时不时让平淡的生活有点小惊喜，方萍知足了。二十多年的围城生活，平静、温馨，夫妻俩在对待工作、生活以及未来规划上，没有大的争执，偶尔的“小吵”无伤大雅，她也觉得“小吵怡情”，有时争吵和好后俩人反而感情更上一层楼了。儿子在市重点中学读书，模拟考试每次都在年级前 50 名左右，不出意外的话，考上理想的“985”院校应该不成问题。自己的工作也顺风顺水，办公室接人待物早已驾轻就熟，偶尔的难题对于她来说也能化解于无形。

有事做，有人爱，有希望。这应该是方萍目前生活状态的真实写照。

“叮铃铃，叮铃铃……”一阵刺耳的电话铃声惊扰了沉思中的方萍，她匆忙起身拿起电话：“嗯，我是！什么？没有搞错吧？”方萍脸色突变，一下子跌坐在椅子上。怎么会这样？说是丈夫在异地出了车祸，已送往医院抢救。“不会的，不会的！一定是搞错了！”方萍一边在心里对自己说，一边急忙整理东西，赶赴医院。

等她来到江南市人民医院，丈夫单位的领导和同事都等在医院门口，神情凝重，她大脑一片空白，忽然间恐惧慌乱起来，腿也一下子软了，差点跪下，旁边的人赶忙搀扶起她。她也不知道说什么好，只有木然地跟着他们的脚步一直走，上电梯，出电梯。等她抬起头来，发现眼前不是病房，不是手术室，而是太平间，她的心沉到谷底，完了，完了！她被众人搀扶着走进来，只看到丈夫露在外面的修饰过的面容，平静、安详，仿佛睡过去一般，这是她相濡以沫二十多年的男人吗？他说过要带她和孩子去西藏看布达拉宫！他说过要和她一起走过金婚？他怎么可以这样走了？他怎么可以不信守诺言？她心如刀绞，眼睛却异常干涩，没有一滴眼泪，忽然间一股气流涌上头顶，眼前一黑，她便什么都不知道了。

醒来时，她已躺在自家的床上，周围几个朋友关注地望着她。“醒了，醒了！这下好了！”她们分工明确，有的劝慰她，安抚她，有的已经在厨房忙乎开了，锅碗瓢盆，叮叮哐哐。她觉得浑身无力，看着窗外明媚的阳光，她的心头却一片黯然，天塌了！她不想睁开眼睛，不想面对眼前的一切，那么好的日子，怎么说没就没了？

“妈妈，你看看我！”儿子略带哭腔的声音传进耳膜，她心头一颤，但愿这一切不要影响儿子的学业。儿子杨帆是全家的希望，立志和父亲一样，做个输送光明的电力工人，他早就将自己的目标锁定在华北电力大学的电气工程专业，想毕业以后为飞速发展的电力事业尽一份力。

“你想开点，人死不能复生啊！”

“为了儿子，你也得好好活着！”

“老杨在天之灵也不愿你这样啊！”耳边絮絮叨叨的声音此起彼伏，一想到儿子面临的压力和境遇，方萍的泪水禁不住涌出，不能让他再担心了，否则，他怎么迎战来年的高考呢？我得站起来，撑起这个家！

杨子江的告别仪式上，方萍和儿子杨帆按照礼节向来送别的客人跪拜行礼，这几天，她一直恍恍惚惚，一切都像做梦一样，每个步骤都依照司仪说的来。当儿子代表家人摔了火盆后，那“哐当”的一声惊醒了她，提醒了她，该告别了！想到从此天人两隔，永不再见时，她心中的爱与痛一下子喷发出来，变成了一场号啕大哭：“你就这么走了，你说过要带我和孩子去西藏的，你说过要陪我到老的，你这个骗子！你走了！我怎么办呢？你睁开眼，看看我们吧！你说话呀！说这一切不是真的！你只是和我们开个玩笑，是不是啊？说啊……”旁边的几个人都没有拽住方萍，她发疯了一样扑在杨子江的遗体上，泪如雨下，不停地诉说着，呐喊着，仿佛把这几天积压的痛苦和怨气一股脑地倒出来。单位里相好的姐妹在背后轻抚她的背，低声呢喃：“哭吧，哭出来就好了！哭出来就好了！”此时此刻，任何抚慰都显得苍白无力。

这个世界，每天都有生离死别。对于一个家庭，却是天塌地陷般的感觉，亲人诀别，永不再见！撕心裂肺的痛楚无法言说。

送走杨子江的一周时间，方萍安顿好儿子的饮食，就把自己关在房子里，闭门谢客。电话不接，敲门不开，她一点点整理着丈夫的衣物，回忆着他们从恋爱、结婚、生子这么多年在一起的时光，有时候，想着、想着就笑了，有时候，想着、想着就哭了。这是属于他们俩的时光，她不愿有人打扰。在整理照片时，她选了两张一家三口特别好的合影，准备拿去放大。一张是儿子五岁时，他们夏天出游在日照的海滨浴场照的，那天，她和儿子坐在金色的沙滩上戏水，丈夫在一边叫他们，两人一扭头，就被同行的朋友“咔嚓”一声定格了，三个人表情都特别好，笑得阳光灿烂。还有一张是儿子初中毕业那年，因为儿子以优异成绩考取江中市重点高中，他们想要犒赏儿子，便依照儿子的心愿暑假去了北京，那些天，两代人在一起真的很快乐啊，聊天、打趣、自嘲，儿子像个大人一样背着所有随行用品，她和丈夫很轻松，只带着自己的帽子和遮阳伞。天安门看升国旗，流连于中国历史博物馆、故宫、颐和园……当登上了八达岭长城，三个人豪情顿生，特意请别人拍了一张“全家福”，蓝天白云下，长城蜿蜒，一家人均是运动短打，白色跑鞋，蓬勃的朝气充盈了整个画面，儿子站在中间，身背双肩包，右手比划着“V”造型，脸色红润，自信满满，他们夫妻俩一左一右，同时伸出大拇指，不仅为儿子点赞，也为一家人美好的生活点赞！“不到长城非好汉”——这应该是最新的一张全家福了。

多让人羡慕的一家人啊！怎么说没就没了呢？方萍禁不住泪水涟涟，她痛恨车祸，痛恨那些被称为“马路杀手”的大货车，夺去了多少家庭的幸福！她知道，自己不能长久沉迷于痛苦之中，儿子需要她，公公婆婆还要她去照顾和抚慰，工作上的事也不能耽误。

她得迅速打扫战场，清理前尘往事。然而在整理丈夫衣物的过程中，一条领带、一件上衣都会勾起无尽的回忆，结婚二十多年，共同的记忆太多了！即使过去争争吵吵的日子这时候想起来也是那么甜蜜，充满生活气息。以后连吵嘴的人都没有了，该是多么寂寞和无趣呀！

冷静下来，方萍梳理好思绪，清楚了目前面临的现状。现在的主要任务是首先保证公公婆婆的身体健康，二老年事已高，忽遭此劫难，白发人送黑发人，心理上难以承受，有时间要多陪陪他们。再就是调理好儿子的饮食和心理状态，让他以最好的状态冲刺高考，进入理想的大学，走好人生关键一步。

一周时间，方萍把家里里外外打扫了、清理了一遍，冬季的衣物洗涤、熨烫、归位，被褥清洗、晾晒后，变得蓬松、柔软、温暖，散发着浓郁阳光的味道。阳台外的花盆也拿回来修剪了一番，施肥、浇水，并选了一盆长势良好的吊兰放在阳台的圆桌上，茂盛的绿色多多少少驱散了家里沉闷的气息，让这个家有了一些生机。儿子看到妈妈渐渐恢复了状态，心情也好转，晚上学习间隙，出去看一下妈妈，招呼一声："妈，你在收拾呢？"不管答应不答应，也算一个交流。方萍感受到儿子的心意，有时也会冲一杯热奶端给儿子，让他学习后有个好的睡眠。两人都避免深度交流，双方都明白目前不是最好的时机。

一周后，方萍上班了，一如往常，买菜、做饭，生活逐渐步入正轨。只是从此之后，方萍身上永远就是黑白灰，衣柜里所有亮色的衣服都被束之高阁。她把生活的重心放在工作上，忙完了自己手上的事，也帮一下同事，尽量不让自己闲下来。下班后的主要任务就是给儿子做饭，为此，她特意列了食谱，一周绝不重样，有时下午包了包子或者卤了肉，她就给公公婆婆送一些，好在距离不远，她每周坚持过去看望老人三次，到了周末，给他们买一些菜米面油之类的生活必需品就可以了。对自己，她没有放弃长久以来坚持的晨练。她知道，健康的身体是抵挡一切磨难的根本，自己不能倒下，这一家老的小的都离不了她！

在丈夫去世三个月后，方萍终于和儿子做了一次推心置腹的交流。她针对目前的生活现状、老人的赡养、儿子的学习以及未来发展等问题谈了自己的想法和期望，儿子也表示除了学习可以多承担一些家庭责任和义务，有时间多陪陪爷爷奶奶。在学习方面，他恳请母亲放心，一定会全力以赴，应对高考，迈入理想的高等学府，实现自己也是父亲的期望。以后就在母亲身边工作，一起侍奉爷爷奶奶，替父亲尽孝。“儿子真是长大了！”一番话让方萍踏实安定的同时，倍感温暖。这是丈夫走后，方萍第一次感到不再那么孤单无助。

放大后的两张照片并排挂在餐厅正中的位置，一进门便可看到。照片无言地讲述了关于一个家庭光阴的故事，少年、青年，记录着一个孩子、一个家庭的成长经历和美好瞬间。画面充满动感和浓郁的生活气息，洋溢着青春、欢乐和浓浓的爱意，每一个看到它的人都不由自主地被吸引。

日子如流水，缓缓淌过。一年多的时间，方萍的内心恢复了平静。灾难来临时，劈头盖脸，连声招呼都不打。沉沦还是崛起？不同的人会有不同的选择。走出去，前面是个天，依然会有阳光雨露，有蓝天白云……不知这是谁说的，只是方萍记住了，而且她必须这么做，因为儿子需要阳光，她想做儿子生命中那缕冬日暖阳。

高考在即，杨帆的状态特别好，年级排名提前了十多名。每周的模拟考试成绩稳中有升，有一次，作文甚至拿了满分。方萍欣喜于儿子的文科也有了突飞猛进，她毫不吝啬对儿子的赞赏，特意奖励了一双耐克的跑鞋，这样，帅气的儿子在球场上就更加潇洒了。公公婆婆最近身体也安然无恙，方萍的心轻松许多，只需买些老年人常用药备用。一切都在朝着理想的状态发展。

7 月的一天，杨帆收到了华北电力大学的录取通知书。8 月，方萍和儿子一起乘火车来到了神秘的西藏拉萨，登上了海拔 3700 米的布达拉宫，在这个离天最近的宫殿，她忽然间热泪盈眶，她仿佛感受到了另外一个人的存在。

晚上，她穿着火红色的羽绒服，坐在石阶上，对着皎洁的月光，诉说她的悲伤与思念，诉说她的欣慰和喜悦……

莉莉的婚纱照

周红英

莉莉不停地往行李箱里塞东西，长裙、比基尼、大檐草帽像长了腿似地往外冒，她麻利地塞回压紧。尽管累得额头沁出一层细汗，可心情却像这些衣物，按捺不住的喜悦，总想往外跑。

收拾好行李，莉莉斜躺在沙发上，高高地跷起二郎腿，一边喝冷饮，一边看着手里的行程单。突然，“我好想你好想你，是真的真的好想你……”的手机铃声响了，这是专门为男友安澜设置的铃声。莉莉笑眯眯地抓过手机，甜腻腻地说：“今天可把宝宝累坏了，快回来吧，一切行程搞定，只等你带我一起飞。”

“宝，宝贝，实在是对不起，明天三亚去不了啦。”

“啥？你再说一遍！”

“上游下暴雨，厂里紧急通知，国庆期间全员防汛值班……”

“开什么玩笑，这婚纱照到底拍不拍？”

“乖，你先把机票退了，等防汛一结束，咱们马上就拍……”

“你要是不想拍，我就和别人拍！”莉莉冲手机喊起来，回应她的是一连串刺耳的嘟嘟声。

“让你加班，让你加班！”莉莉“呼”地弹开行李箱，三两下把折腾一下午装好的衣物全扔了出来。雪白的T恤、宝石蓝的比基尼、五彩斑斓的波西米亚风长裙……这些本该在碧海银滩绽放的色彩，凌乱地散落在沙发上，有些无辜，又有些戏谑，莉莉终于憋不住大哭起来。为了拍出独具一格的婚纱照，她准备了小半年。她才不要在影楼里木偶一样地千人一面，她要在三亚的海浪里嬉戏、沙滩上奔跑、椰林下漫步，留下最浪漫、最热情、最珍贵的记忆。工作之余，哪怕有 5 分钟空闲，她都用来研究各种 App，设计造型，选购衣服，联系工作室，可安澜说春季防汛准备走不开、夏季防汛值班必须在，拍摄时间一拖再拖，她想国庆长假应该没问题了吧，早早订好了机票可现在……这个安澜简直是太过分啦！

房间里一片昏暗，只剩下窗口透着微弱的光线，莉莉不知道哭了多久，眼睛模糊酸涩，肠胃好像被无形的手揪过一样一阵阵痉挛。忙碌一天，还没吃晚饭，她用冰毛巾敷了敷红肿的眼睛，准备出门。叮一声响，安澜从微信里发来了天气信息，从认识开始，他天天给莉莉发微信提醒天气变化，好几次太阳还挂在天空，突然一阵风过就下起雨来，同事们狼狈地挤在办公楼下等雨小，莉莉拿着伞像个骄傲的公主，众目睽睽下优雅地回了家。每次出差，根据安澜的提醒增减衣物准没错，妥妥的温暖舒适。闺蜜们总羡慕她找了个知冷知暖的“晴雨表”，刚开始莉莉也有些洋洋得意，现在她才明白，比起依偎在身边的亲昵，这些信息不过是一堆没有感情色彩的数字。

莉莉没有拿伞，“砰”地摔门出去。连阴雨还没停，雨水一滴滴打在身上，流成一条条线，织成一张张网，很快将莉莉套进了冰冷潮湿中。明天国庆节，满街都是人和车，霓虹倒映在雨水里，像打翻了油彩盘，色彩流了一地，又像是她扔在沙发上的衣服，似乎整个世界都充满了嘲讽。莉莉匆匆买了几包方便面，回到家，哆嗦着换上睡衣，胡乱地擦了擦头发，裹上毯子蜷在沙发上，手机翻了好几遍，除了两条天气微信，电话、短信、朋友圈没有安澜的任何信息，她无意识地按着遥控器，黑暗中电视屏幕一闪一闪，眼前渐渐模糊。

电话铃声震耳欲聋又坚持不懈，朦胧中莉莉仿佛被捆绑了一样浑身酸痛困倦动弹不得。好不容易从毯子中掏出手机，五个未接电话，都是妈妈打的，莉莉张了张嘴，发不出声音，端起茶几上的玻璃杯抿了一口水，喉咙瞬间像是被刀片刮过。她忍着痛把电话回过去，妈妈问："莉莉呀，你们到三亚了吗？路上还顺利吧！"

"妈，我这几天加班感冒了，三亚没去成。"

"嗓子咋成这样了，都是加班累的吧！"

"没事，喝点药就好了。"

"我和你爸国庆巡回演出还没结束，让安澜先照顾你，等回来咱们一起过中秋。"

"妈，你就别担心了，我多大人了，会照顾好自己的。"

"记得喝药啊。"

"嗯，我知道了，你们也别太累啊。"

打完电话，一看时间已经下午3点半了。莉莉重新陷入沙发里，打开微信，无意识地滑着手机，微信留言里各式各样国庆祝福微信，朋友圈里旅游、聚餐花式秀潮水般涌来，看着看着，她忽然停了下来，《雨雨雨，安康这周还有雨……》《安康接下来12天都是雨雨雨雨雨，最低温度降至14摄氏度》《安康召开防汛工作紧急视频会议，我们一定要打赢这场硬仗！》……莉莉紧张起来，自己满心欢喜准备三亚行程，整天关注的都是海南天气，没想到这个秋季，安康天气这么反常。她打开百度，在搜索栏里输入安康天气，手机屏幕自上至下一排图标全是云朵和雨滴。不知道安澜这会儿在干什么，莉莉点开安澜电话，呆呆看着号码，没有按下拨号键。想去江边看看，可每走一步都感觉有无数小钢针在身体上扎，头疼得仿佛要裂开一样，她爬上床，钻进了被窝。

昏昏沉沉睡了两天，身体轻松了些，莉莉打开窗户，清扫房间。“又吃方便面了，瞧这满屋子味道。”爸爸妈妈提着大包、小包一进门，妈妈就抢下莉莉手中的扫帚，“你不是感冒了吗？赶紧歇着，这才几天呀，就瘦了。”一家人把房间收拾好，妈妈催促着莉莉：“今天中秋节，咱们做板栗烧鸡，让安澜早点儿过来啊！”莉莉犹豫了一下拨通手机，连拨好几遍没人接，干脆把手机一扔，开始剥板栗。停了停又拿起手机发短信：“今天中秋节，爸妈等你过来吃饭。”过了十几分钟，才收到安澜短信：“刚刚在防汛会商，今天还要继续值班。”

“安澜几点过来？我准备下米了。”妈妈在厨房里问。

“说是值班，过不来。”

“中秋节值什么班?”

“防汛呀！都在大坝上待四天了。”

“你看看，王阿姨的儿子，追你追得那么紧，你硬说安澜更体贴、更实在，你感冒成这样了，他人在哪儿呢?”妈妈劈劈啪啪剁着鸡，嘴里一刻没歇气。

莉莉和安澜相识于去年夏天，闺蜜硬拽着她参加安康音乐广播电台组织的岚河漂流单身聚会，反正周末没事儿就当旅游，比赛第一名还可以赢得一床蚕丝被。岚河沿岸杂树成荫，碧幽幽的河水和拂面的微风带来丝丝清凉，橡皮筏在水面一波三摇，大家笑着闹着，自我介绍互相认识。忽然间接连不断的落差激起浪花四溅，橡皮筏在怒流中、漩涡中像脱缰的野马，筏上 3 男 3 女，6 双手用力地滑动双桨，橡皮筏还是撞翻在礁石上。莉莉不会游泳，跌落水底时，还在庆幸自己穿了救生衣，可她拼命地蹬腿摆臂，总也浮不出水面，水下一片幽暗仿佛没有尽头，惊慌失措中连呛了好几口水，几乎绝望时，是安澜把她托出了水面。

漂流结束，莉莉特意请安澜吃火锅，两人慢慢熟识，安澜每天三次给莉莉发微信提醒天气变化，叮嘱她增减衣物或是带伞。周末天气好时，自驾邀她去月河、任河、黄阳河周边旅游。每当安澜看着河流侃侃而谈，从眼前的汉江估算着上游任河、石泉和下游吉河、月河的流量，像统领了百万雄兵般豪情满怀，莉莉总是出神地看着他，感慨一个外乡人比本地人对安康更熟悉、有感情，都说认真、自信的男人最有魅力，果然没错。后来，莉莉才知道安澜是安康水电厂的一名水库调度员，每天看三次天气预报，是要随时关注预测水雨情。而每个周末的户外远行也是为了更好地了解上、下游河水产流情况，顺便检查一下雨量遥测站点。

任妈妈絮絮叨叨，莉莉剥着板栗一声不吭，爸爸沉默着抽了好几支烟，把烟头往烟灰缸一按，说声："走，都跟我出去转转。"风雨将伞拉扯得东摇西晃，老爸脚步很快，踩着路边一个个的小水滩溅起水花，湿了鞋和裤腿。莉莉和妈妈不知他要干吗，跟得上气不接下气。走了十几分钟，老爸忽然停下，用手向上一指，"这是防洪纪念塔，看看1983年的洪水已经涨到红线那个位置了，那时你还没出生呢。"莉莉仰起头，看着高出自己十余米的那条红色的细线，回忆起岚河漂流被扣在橡皮筏下的感觉，胸中一阵阵憋闷。耳边老爸的话语嗡嗡作响："洪水才不管什么节假日！1983年洪水的发作就是星期天，一夜之间水涨了七八米！半夜时分，大家被转移到了4层高的文化馆大楼上，楼顶上密密麻麻地蹲满了人，手电筒不断摇晃着，眼看着每一个浪头都有十来米高，低处那个带着阁楼的简易木屋，如同纸扎的玩具一般，在浪头冲击下顷刻间解体了……”

“我得去看看安澜。”没等爸妈回答，莉莉打上车冲向大坝方向，雨更大了，雨刷急躁地来回摆动。车身在坑坑洼洼的路面上下起伏，不时击起瀑布般的巨浪。莉莉伸手擦了擦车窗内凝结的雾气，看向汉江。江面宽阔了许多，平日里碧玉般的青绿变成了岩石样的浑黄，对岸青山上有几处滑坡，泥土裸露了出来，像是从山顶到山脚划出了一条狭长的伤痕，又像是大山流下了眼泪。车突然慢了下来，一块巨石横在前方，占据了路面的二分之一，周围散落的大大小小石块还在扩大它的势力范围。司机小心翼翼地绕了过去喃喃自语：“前面还有好几处塌方呢!”渐渐听到轰隆隆的巨大水声，车已行至大坝跟前，雾气笼罩住整个大坝，水库正在泄洪，水柱如无数条冲破牢笼的白龙咆哮着喷涌而出，一层巨浪又一层巨浪重重地拍打着河床，跌跌撞撞扑向整个江面。

车到水库调度楼前停下，莉莉开门张伞，雨从四面八方挟裹而来，她几大步冲上楼，衣服还是湿了许多。窗户“哐啷哐啷”响个不停，楼前的柳树摇晃得动荡不安，安澜的办公室，门掩着，没人。办公桌上好几台电脑一溜排开，有卫星云图、水库水位实景，还有看不懂的数据报表。

“莉莉，你咋来了?”安澜湿漉漉地走进来，惊奇地问：“下雨塌方，路上多不安全。”

眼前的安澜看起来老了好几岁，乱蓬蓬的头发，满脸的胡子茬。莉莉的委屈和抱怨忽然说不出口，诧异地问：“你咋湿成这样?”

“刚刚又打开一个闸门泄洪，”安澜擦着眼镜上的水说：“坝上水气太大，打伞也遮不住，穿雨衣又太笨重。”

看着安澜红肿的双眼莉莉问:“你晚上没休息吗?”

“我有床。”安澜指指办公室的沙发,“听说过巴山夜雨涨秋池吧,秋淋降雨多在后半夜,晚上要会商雨情、报送信息、巡回设备、提落闸门,抽空在沙发上靠靠解解乏就行。”

“我看新闻了,说这是 1961 年后安康第四强的秋淋洪水,真的吗?”

“是啊!我们每天提、落闸门要跑十几趟,满脑子都是上下游流量、水位,每次刚想给你打电话,转身一忙又忘了。”

“那也不至于一个电话都不打?”

“宝贝别生气,等防汛结束我一定好好陪你。”安澜走近莉莉,刚刚搂住她的腰,办公电话响了起来,接完电话安澜说:“马上要和安康市防汛办进行会商,你先回家吧。我就不能送你了,路上小心点。”

返回路途,莉莉的脑海中交替闪现着她和安澜相识相处的画面,有相聚的甜蜜欢乐,有思念的不安痛苦,她隐隐觉得自己的心里只有安澜,可安澜的心里除了她,还装着更多。

国庆假期在安澜的连续加班和莉莉的煎熬等待中走向尾声。

10 月 7 日,莉莉刚刚睁开眼,便听见一阵敲门声。门开一条缝,还没探出头,一束洁白秀丽的百合花挤了进来,“我能想到最开心的事,就是每天能和你说早安!”花束后闪出了精神抖擞的安澜,他做了发型,刮了胡子,穿一身修身剪裁的黑西装,不止他一个人,身后还跟着摄影师、化妆师。

“你可真够早的!”莉莉捧起花转身进了屋。

“经过雨水洗礼的天空,特别通透,说不定还会有彩虹,太适合拍照啦!”安澜追了进来说道。

莉莉脸色一变："在安康拍婚纱照?"

"别急着拒绝嘛，"安澜神秘地说道，"地方保你满意，我要给你个惊喜。"

莉莉马上来了精神："快说，快说，我可等不及了。"

安澜不急不慢地说道："就在我们第一次相识的地方，我已经和摄影师踩点策划过了，要拍出我们相爱的每一个足迹，要拍出专属于你的独一无二。"

莉莉情不自禁地扑上去抱住了安澜，喃喃自语道："我就喜欢与众不同的婚纱照。"

等格桑花开

刘钢生

他们是大学同学，在学校他们就很要好，说是初恋也不为过。

大学毕业后，他们供职于西北某省一个供电公司。

毕业离校前，他们双方确定了关系，并约定参加工作的第三年就结婚。于是，在参加工作的第三年，他们在父母的催促下，已经将谈婚论嫁提到了议事日程，他们双方也在准备兑现当初的承诺，筹划着年底前举行婚礼。

正在此时，南方突降大雪，大雪结成了冰霜，覆盖了南方各省市整个高压输电线路，铁塔倒塌，导线结冰，给南方各省供电安全造成了极大威胁。

在此危急时刻，省公司下令支援南方电网。

华斌作为生技处管理安全的技术员，主动要求参加赴南方支援的队伍。

当他把这个决定告诉凌燕时，凌燕看了他一眼，说："好吧，你去吧，大不了我们推迟一年结婚。"

华斌一去三个多月，在支援南方抗击冰雪的那段时间里，华斌和他的同事们，在千里大山中，顶风雪，冒严寒，为南方各省居民和工农业安全可靠用电，与南方历史最严重的冰雪之灾进行了顽强的抗击。

三个月后，华斌回来了。凌燕抚摸着华斌瘦削疲惫的脸颊，动情地说：“你瘦了，可看起来更像个爷们了。”

华斌笑了笑，搂着凌燕，轻轻地拍着她的后背。

从抗击南方冰雪回来，到了第二年的春天，华斌被任命为生技处副处长。

婚期已经推迟了一年，当凌燕的父母又把婚事摆到桌面上时，凌燕找到了华斌，问道：“我爸妈又催我了，咋办？”

华斌说：“你看我刚上任，工作太多太忙，我总不能丢下手头工作，去准备咱们的婚礼吧？”

“那你忙你的，到时只要有时间参加婚礼，而不是叫别人替你就行，你看这样总行了吧？”凌燕很理解华斌，毕竟是刚当了领导，还得以工作为重，不过，她还是有点戏谑地说。

华斌有些无奈地笑了笑，思忖了下，说：“结婚毕竟是大事，我们也不能准备得太仓促，我看还是把婚事往后推推，你说呢？”

“往后推？推到什么时候？”

“明年，明年我保证和你走进婚姻的殿堂。”华斌含笑说道。

“你呀，看你咋跟我爸妈交代。”凌燕有些娇嗔地说道。

“好，我去跟两位老人解释，我相信他们会理解我们的。”

转眼又到了第二年，这年的 8 月份，凌燕和华斌利用可以利用的所有时间装修完房子，定了家具，凌燕除了给自己定做了婚纱，又特意给华斌买了套西装。总之，凌燕和华斌此时完全沉浸在了婚礼，以及准备经营好自己小家庭的憧憬之中，万事俱备，只欠东风，他们满以为今年国庆节一定会得偿所愿。

可是，就在此时，华斌接到了一项任命，公司任命他为青藏高原 750 千伏特高压输电线路工程建设筹备小组副组长，并要求他协助领导在最短时间内组建起一支强有力的施工队伍，于十一国庆节前与领导一块带队前往西藏，参加青藏高原750千伏特高压输电线路建设。

接到任命，华斌既为即将到来的光荣而艰巨的任务和面临新的挑战感到激动和兴奋，同时又担心因自己工作原因，将婚期一推再推，做不通凌燕和双方父母的工作，而他知道还有个更大的隐忧需要他认真对待，那就是此项工程任务重、等级高、工期长，特别是由于地理环境恶劣，使得施工难度超大，即便施工人员保质保量加紧施工，恐怕工期至少也得在两年以上。

而这样的等待凌燕是否能够坚守？

即便凌燕能够坚守，双方的父母又能否答应？

果然凌燕听说此事，有些急躁地说道："我不管，你去跟老人解释。只要他们依你，我就等。"

凌燕的父母说："你一推再推，把我们家凌燕当什么了？等不要紧，可凌燕都等了你几次了，你还要让她等多久？"

他的父母更是生气，说道："你是领导不假，可领导就不结婚了？你这一去几年，难道我们要眼睁睁地等到老死也抱不成孙子？若结不成婚，让我们抱不成孙子，这个领导不当也罢。"

华斌自知理亏，唯有好言相劝："虽说我是个部门领导，可我更是一名电力工人。你们可知道，当我们这些搞电的得知要在青藏高原建设特高压输电线路时，心里有多么高兴，有多么自豪和激动吗？国家为了给落后的山区高原送去电力能源，花费了这么多财力物力为了什么？还不是为了那里的人们能过上好日子？我们现在有了好日子，可也得想想那里的人。作为电力工人，这是我们的责任啊！正所谓忠孝不能两全，请你们理解我，并能支持我。"

他又满怀愧疚地对凌燕说："请你相信，婚姻固然重要，可爱却是永恒的。"

凌燕被感动了，她眼含热泪，点着头说道："我相信你说的这句话。我也是电力职工，我们都有共同的愿望和责任。你去吧，我和父母们都会支持你。我会在这里遥望格桑花，等待你的归期。"

华斌深情地看着凌燕说："等着我，等格桑花开时，我一定回来。"华斌带着凌燕对他的爱和信任、鼓励，去了青藏高原。

在青藏高原他们只要有时间就互发短信，表达他们心中的爱。

可是，就在华斌他们进入施工任务收尾阶段时，凌燕却突然失去了信息。

华斌给家里打手机，父母都吞吞吐吐，含糊其辞，只告诉华斌说："凌燕没事，她怕你分心，所以暂时不跟你联系。她让你好好工作，注意安全，争取早点回来。"

华斌满腹狐疑，可又相信这是真的。

虽说环境恶劣，施工进度很慢，但在所有电力施工人员的努力奋战下，输电线路不断地向前延伸。

三年后，青藏高原750千伏特高压输电线路施工任务圆满完成。

回来的路上，华斌望着车外盛开的格桑花，喃喃自语道："凌燕，格桑花开了，我回来了！"

华斌回到家，一连三天未见凌燕，打手机，手机始终无人接听。问父母，父母也常答非所问。他打电话到凌燕工作办公室，办公室里的人只告诉他凌燕请假在家休息。他去了凌燕的家，可凌燕家始终大门紧闭。

华斌由此断定，凌燕一定出事了。

果然，在华斌一再追问下，他的母亲终于情绪激动地告诉他：

“凌燕去变电站检查工作时出了车祸，成了残疾!”

“啊?! 这怎么可能?!”

“怎么不可能?!”他的母亲又说：“她现在成了瘸子，怎么，你还想找个瘸子过一辈子?!”

“妈，您说话怎么这么难听？告诉您，别说她现在瘸了，就是她瘫在床上，我也要娶她为妻，伺候她一辈子!”

“你敢！你若不跟她断了，从今往后，就别再进这个家门!”

华斌义无反顾。他去找凌燕，凌燕拒不见他。他找到凌燕的父母恳求，凌燕的父母担心他们未来的许多不确定性，故此也模棱两可，不予配合。

他给凌燕发短信，表达了自己绝不背叛他们的爱的决心。可凌燕如同在人间消失了一样，对华斌始终不予回复。致使华斌惆怅满腹，束手无策。

华斌请了所有的同学、朋友，包括自己和凌燕的领导，让他们出面协调。

终于，在各方的劝导努力下，凌燕见了华斌。

见面时，凌燕掩面哭泣，无法自已。

华斌眼含热泪，捧着他托人空运过来的鲜嫩的格桑花，站在凌燕的床边，凝视着他日思夜想的凌燕。

房间内出奇的静。华斌看着凌燕耸动的双肩和她那憔悴无比的面容，心如刀绞。他把手里的格桑花插入瓶中，转过身，稳定了下情绪，对凌燕说道：“凌燕，你打开手机，里面有我发给你的短信。”

凌燕迟疑着不肯打开。

华斌又说：“打开吧，你会看到我对你的态度。”

周围的朋友也好言相劝，凌燕缓缓打开手机，她看到短信上华斌写到：凌燕，你知道吗，格桑花已经开了，你忘了我们的约定吗？凌燕，我爱你，无论你的身体、容颜如何改变，我对你的爱是永远不会变的！爱你的华斌。

凌燕看着短信，低头啜泣，突然她抬起头来，华斌看到，凌燕已泪流满面了！

"凌燕！"

"华斌！"

他们相拥着，望着床头柜上那捧鲜艳的格桑花，许久，许久……

网

周红英

小山在课堂上打起了呼噜。

教室里稀稀落落地坐着二十几个学生，王老师在黑板上写下“我的梦想”几个大字，转过身面向同学说：“这是今天的写话练习，大家先试着口头上说说，谁先来?”他的目光扫视一圈，落在一个穿红毛衣的小女孩身上，小女孩站起来，拽着悬在腰间的毛衣，声音细细地说：“我的梦想是考上大学，到广州去，和爸爸妈妈在一起。”

“我见东西就想踢，所以我想成为足球运动员。”不等小女孩坐下，一个皮肤黝黑的小男孩满不在乎地喊到，同学们叽叽喳喳笑成一片。

王老师咳嗽两声，提高了声调：“发言都不错，还有谁来说说?”“呼……呼……”教室里忽然响起了呼噜声，同学们回头看着趴在课桌上的小山，笑更止不住了。

王老师拧起眉头，顺手将粉笔扔了过去。粉笔直直射在小山头上，“呼……呼……”呼噜声停了一瞬，反而更响了。王老师沉着脸大步过去，猛一拍桌子问：“小山，你的梦想是什么?”小山身体一震抬起头，擦了擦口水说：“我，我梦见一只大蜘蛛，又大又圆，结了好大一张网，它吐出来的丝能到好远好远的地方……”“哈哈……大蜘蛛……”同学们笑得前仰后合，小山愣在那里不知所措。王老师拽起小山的胳膊，将他拖到门口推出门外，气愤地说：“走那么远来上学，就是为了睡觉？出去清醒清醒吧！”

雨雾黑压压地，四面的山铁青着脸。小山靠着冰冷的墙，盯着屋檐下的塑料盆，雨水一滴滴落入盆中，他也像是无力地跌入一圈圈旋涡里。叮铃铃……下课铃声响起，同学们从教室里涌出，小山迅速挪了挪，让开门口。“大蜘蛛，大蜘蛛你是不是在结网呀?”那个想当足球运动员的男孩张开手臂摇摆着凑到小山面前，嘴里“呲呲”吐着气，小山低头闪到一边，蹲在石阶旁刮鞋底的泥，几个同学不知从哪儿捡起一条蚯蚓扔了过来，“蜘蛛吃虫，你吃不吃?”说着爆发出夸张的笑声，小山猛地立起身，拿起塑料盆泼了过去，头也不回地冲进了雨里。

小山怕上学，怕和同学们在一起。

一天，课堂里来了几个帅气漂亮的哥哥、姐姐。带队的姐姐自我介绍叫媛媛，她弯弯的眼睛清清亮亮的，耀眼得如同太阳照到绿叶上的反光。她们带来了好多图书，球拍、篮球、跳绳，还有花花绿绿的零食。零食袋摩擦出响声，同学们坐不住了，有的站起身，有的跨到了走道边，小山也伸长了脑袋。

“大家别着急，今天的天气最适合做户外运动，不如大家组织个拔河比赛，比赛结束再一起分享好吃的。”媛媛说，同学们带着留恋的目光走出教室，小山低头跟在最后面，快到门口，前面的高个子男生忽然把门一碰，冲小山说：“你又矮又瘦，像女生一样没力气，还想拔河，教室待着吧!”

小山止了步，木然地靠在教室门口。操场里同学们开始排队，王老师在绳子中央系上小红绳，他鼓起腮帮子，哨声响起，同学们拽着绳子身体拼命向后仰，媛媛挥舞着旗子带着拉拉队给大家喊加油，太阳白花花地照着，暮春的湿气袅袅上升，小山眼前雾腾腾的，似乎加油呐喊的声音都开始渺茫。

比赛结束，同学们个个脸涨得通红，叫喊着："太热了、太热了，我们进教室吃点东西吧。"媛媛走在最前面，看见门口的小山，诧异地问："你没去拔河，哪里不舒服吗？""大蜘蛛一定是藏在教室里偷吃好东西。""快看看东西少了没。"身后的同学们取笑到，小山的眼睛快喷出了火，紧紧咬住嘴唇回到座位上。

志愿者开始给大家分发酸奶和面包，教室里很快响起了吸溜吸溜喝酸奶的声音和撕塑料袋的响声。小山舔舔嘴，把酸奶和面包拿在手中看了看，又装进了书包。

媛媛和王老师走出教室问起了小山的情况，王老师叹口气说："班上几乎都是留守儿童，父母外出打工疏于照顾，不好管教。小山的情况就更特殊了，父亲被骗参与拐卖人口，进了监狱。母亲改嫁后，就剩下他和爷爷相依为命。""同学们为啥叫他大蜘蛛呢？"媛媛问，王老师便把来龙去脉讲了一遍。

回到教室，媛媛笑嘻嘻地问大家："听说咱们班有个同学的梦想和大蜘蛛有关，是不是呀！"教室里窃窃私语，几个调皮男生拍着桌子有节奏的呼喊："大蜘蛛、大蜘蛛、大蜘蛛……"小山捂住耳朵，几乎将头钻进书桌里去。媛媛挥挥手示意大家安静，走到小山身旁，拍拍他的肩说："这是一个非常了不起的梦想！"教室里忽然安静了下来，小山抬起头，和大家一起诧异地盯着媛媛。媛媛不紧不慢地说："两个月后期末考试，考完试我就带大家去看那个又大又圆，结着很大的网，吐出来的丝能到好远好远地方的大蜘蛛，好不好？"小山用力点头，其他同学七嘴八舌地问，骗人的吧！怎么可能？嫒嫒笑着说："我保证，到时候你们就知道了，一定要加油取得好成绩哟！"

放学了，小山翻过一面山跑回家，推开门穿过堂屋直接来到爷爷的床边，把书包里的吃的一股脑倒了出来，"爷爷你快吃，今天城里来的老师奖励我的。"爷爷剧烈地咳嗽着撑起身问："城里老师都表扬你了，我娃有出息了。"

屋外响起了敲门声，小山和爷爷疑惑地对望了一眼，小山打开门，门外站着王老师和嫒嫒。小山低头把她们让进屋里，递上一条长木凳，凳子的一端裂开一道缝，旁边钉子已经翘了起来，小山慌忙捡起一块砖头想要把钉子砸平。爷爷已经挣扎着起来，扶着墙来到堂屋，王老师奔过去扶他坐下，爷爷喘着气说："前些日子上山挖地摔了一跤，一个多月不能动弹，娃每天放学回来，还要收拾做饭照顾我……"说话间眼泪就下来了。"唉，我说小山怎么上课老是打瞌睡，作业也不像样子。"王老师自责不知情，"班里孩子难管，我也是恨铁不成钢，还罚他站在教室门外，没考虑到您家里的困难……"

嫒嫒四下打量，堂屋地上散乱地堆着些土豆，正中黑漆柜子上厚厚一层灰尘，柜子上方挂着一张大蛛网，一只拇指肚大的蜘蛛好像表演杂技，垂下一根丝在空中荡来荡去。她摸摸小山的头问："你知道牛顿吧！"小山点点头又摇摇头，手不自然地塞进裤兜。嫒嫒说："牛顿在苹果树下被苹果砸中而发现了地心引力，他还用老鼠做过风车呢。"

嫒嫒给小山讲起牛顿的生平。牛顿出生前三个月父亲便去世了，两岁时母亲改嫁，把他留给外祖母抚养。五岁开始读书，但成绩很不好，在学校的每次考试都是劣等，还常常挨老师的鞭子。一次，牛顿做了一个风车，一有风，风车就飞快地转起来，牛顿想能不能让风车没有风也会转动呢？他用小白鼠踩圆笼，使风车不断地转动。后来，牛顿成为伟大的科学家。媛媛注视着小山的眼睛说："姐姐相信，你也能！别忘了我们的约定，加油取得好成绩，我带你去看大蜘蛛。"

两三天后，王老师交给小山一个大纸盒，说是媛媛姐姐寄来的，同学们的眼睛恨不得穿透纸盒看进去，小山抿住嘴，但笑意早已从稍稍张开的鼻翼向脸颊荡漾开来，他小心翼翼打开包裹，里面装着两套蓝色运动服，一本《牛顿传》，还有一个蜘蛛人玩偶和一张卡片，卡片上娟秀的字迹写着：勇敢追梦，梦想就会实现！平日里常常欺负小山的高个子同学把蜘蛛人拿在手里许久又还给小山，叹了一口气说："小山你好幸福呀！媛媛姐姐送给你那么多礼物。"小山把衣服、书和卡片都放进了书包，把蜘蛛人玩偶拿在手里，他迫不及待要带回家给爷爷看。

《牛顿传》小山看了好多遍，常常幻想自己也能成为发明家，学习累了，拿出蜘蛛人摆在面前，仿佛又有了劲。随着小山成绩的进步，同学看他的眼光由鄙夷变成了羡慕，甚至有点崇拜。

两个月后，媛媛和志愿者们又来了，同学们欢呼雀跃奔向面包车，车从绿树掩映、弯弯曲曲的山路驶出，媛媛像个导游，一路上讲解着安康的城市历史和发展，孩子们好奇地提着各种问题，小山眼睛眨也不眨地看向窗外。

三个多小时后，车穿过一扇大门，停在栏杆前。大家争先恐后下车，只见两岸绿色的青山夹着一条清亮亮的河，河的尽头是一座巨型的水泥混凝土建筑，底部河水像瀑布一样涌出来。"同学们看，这是安康水电站的大坝，有了这个大坝呀，就相当于给汉江装上了很多闸门，可以像水龙头一样控制着江水的大小，就能避免大洪灾发生了。”同学们拥在栏杆边大呼：“好雄壮呀！”小山拽了拽媛媛的衣角问：“大蜘蛛在哪呢？”

“走，现在就带你们去看大蜘蛛。”媛媛牵着小山的手，将大家带进了一个宽大明亮的厂房，厂房里一溜四个扁扁的圆柱形机器，媛媛用手一指说：“同学们看，这就是我说得大蜘蛛。”“不像不像，怎么会是机器蜘蛛？”“机器蜘蛛才更厉害呢！”小山左瞅瞅，右看看，喃喃自语：“圆圆的身子、细细的腿……”想了想又问媛媛：“大蜘蛛吐得丝呢？”媛媛哈哈一笑：“这个大蜘蛛的学名叫作水轮发电机，它呀，吃的是水，吐的丝就是电，这就带你去看他织的网……”

蓝蓝的天空下，并排十几个钢架撑起了根根银线向远处不断延伸。“这就是大蜘蛛吐的丝、结的网，电能顺着这些线路就可以传输了，知道大蜘蛛吐的丝能走多远吗？”

“100 米、300 米、500 米……”小山想不出来了。

“这几个大蜘蛛吐出来的电，三分之二以上都送往了两百公里之外的西安。”

“太神奇啦！太神奇啦！”同学们发出了惊叹。

“这不算什么，咱们中国研发了特高压技术，整个地球的电网都可以连接在一起。”媛媛自豪地给同学们讲述。

小山仰头张嘴顺着一根根银线看向远方，忽然凑到媛媛的耳边小声说：“媛媛姐姐，我再也不怕他们叫我大蜘蛛了，大蜘蛛的网就像太阳一样，可以把光亮送到任何地方。”

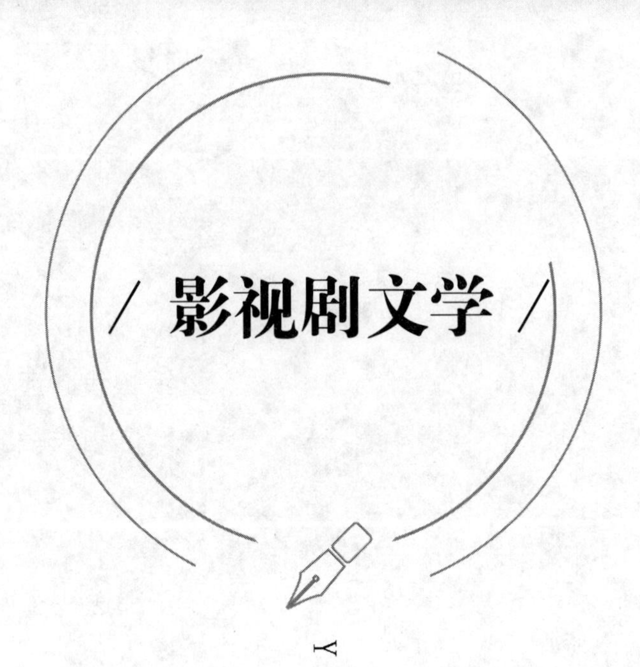

影视剧文学

YINGSHIJUWENXUE

点亮光明

吴长宏

本故事根据国家电网劳模周红亮、赵二宝、宁启水、禹康父子、电力科技创新小黄人、无人机巡线创新、移民搬迁光伏扶贫、春节保电，以及国网共产党员服务队的众多故事改编，通过这些故事展现国家电网人的奉献精神和精神风貌。

人物：

秦二宝，国家电网员工，基层巡线工，劳模，共产党员服务队队长。

秦小伟，国家电网员工，秦二宝的儿子，研究生毕业，被秦二宝留在了大山当巡线工，父子之间产生了矛盾。

牛冒根，农民，因“文化大革命”受了委屈，愤而上山，不再和人来往。孤独一人。

张伟、刘强、杨鹏、李大双、王磊等，国家电网共产党员服务队队员。

（一）

日，外，大山巡线遇野猪。

苍茫的秦岭，大山重重叠叠。

高高的山顶之上，巍巍耸立的电力铁塔和银线清晰可见。

航拍，银线向着大山深处延伸，峰峦叠翠的大秦岭沟壑纵横，景色秀美。

弯弯曲曲的山路上，两个人拿着砍山刀艰难前行。

镜头推近，两人头戴安全帽，国家电网的标志清晰可见。身上，红色的工作服，印着国家电网和张思德电力服务队标志。斜挎白色帆布工具挎包，也有着明显的国家电网绿色圆球标志。

两人脖子挂着望远镜，手提一米多长的砍山刀，走走停停，不时用望远镜看一看高山之上的电力铁塔。

远处，山林中，两点绿光倏然闪动。

随着镜头移动，两点绿光放大，一只野猪赫然出现。

野猪恶狠狠地盯着前方的两人，嘴里发出咆哮的声音。

两人迅速镇定下来，紧张地看着前方。

野猪慢慢走到两人前方。

双方紧张地对峙，周围一片寂静。

野猪的低吼声和两人粗重的呼吸声，更显紧张。

突然，野猪冲向两人。

年长的人大声喊："快上树!"自己跑向另一旁。

年轻的电力工人迅速向旁边一棵大树上爬去。

野猪搜索停顿，追向年长的电力工人。

年长的电力工人不断地变换着方向，一次次从野猪嘴下逃过。

人紧促的呼吸声与野猪的低吼声交杂着，充斥耳膜。

紧张地奔跑中，随着踉踉跄跄的脚步，一道悬崖突现眼前!

年长的电力工人一个转身，紧张中带着冷静，静静地看着野猪，砍山刀指向野猪。

野猪的小眼睛爆发出一阵凶光，低头拱了拱泥土，寻找攻击方向，突然一个前冲，凶猛地顶向电力工人。

年长的电力工人一个冲刺，向斜前方跑去。

野猪停顿不及，重重地摔下山崖，山下，传来一声痛苦的哀嚎。

年长的电力工人颓然跌倒，一动不动。

良久，他艰难地翻过身，看着野猪摔下的悬崖，一声长叹，又软软地躺了下来。

静静的世界，只有急促沉重的呼吸声。

许久，年长的电力工人慢慢坐起，艰难地拿起砍山刀，拄刀站了起来，眼中充满了焦急，面对大山，声嘶力竭地喊了起来："小伟，小伟……"

茫茫大山传来一阵阵的回声。

回应回声的，是寂静和风声。

年长的电力工人眼中流出了眼泪，拄着砍山刀，艰难地向原来的方向挪去。

茫茫森林，厚厚的落叶，只有电力工人沉重的呼吸声和脚下踩着落叶的沙沙声。

突然，年长的电力工人停下，看向一棵树。

年轻的电力工人正趴在一棵大树的树杈上，一动不动。

年长的电力工人一阵惊喜，却又突然紧张起来，嘴里喊道："你不要动，你不要动！"自己慢慢摘下挎包，提了砍山刀，悄悄向树前靠近。

树上，年轻的电力工人一动不动地趴在树干上。

身前，一米多远的地方，一条粗大的蟒蛇正恶狠狠地盯着年轻的电力工人，红色蛇信子"咝咝"吐着。

沉寂，静静的世界中，只有蟒蛇的吐信声。

年长的电力工人提着砍山刀，慢慢地靠近树干，突然一刀拍向蟒蛇，蟒蛇应声落地，却迅速抬起蛇头，恶狠狠地盯着年长的电力工人。

人蛇冷冷地对峙，良久，蟒蛇低下头，转身簌簌地滑向山林深处。

年长的电力工人转身，急切地跑向大树。

大树上，年轻的电力工人软软地趴在树上。

年长的电力工人一脸着急，大喊着“小伟”，爬上树，艰难地把小伟从树上挪下，小伟重重地倒在满是落叶的树下，两行泪簌然而下。

画外音：这就是我的父亲，一个电力工人，一个在大山中巡了一辈子线的电力工人，我恨他，恨这个被所有人都尊敬的“铁腿劳模”。

（二）

日，外，闪回。

航拍，钟楼、大雁塔、北客站、浐灞湿地公园、世园会公园……

大西安镜头一个个掠过，现代化的西安展现在人们面前。镜头落在了某大学校园内。

美丽的樱花道，浓密的林荫道，充满活力的学生活动，研究生毕业，学生们高高地抛起硕士帽，美好的镜头一个个闪过。

画外音：这就是我的大学时代，在这个有着厚重文化的城市，我度过了我的大学时代，一直到研究生毕业。我理想的生活，是离开大山，在这个大城市生活。我生长在秦岭的一个小山村，我的家庭属于“一头沉”，即母亲是农民，父亲在外工作。我的学业是我们村的骄傲。我的理想工作单位是世界500强排名第二、国内第一的国家电网，我想进入这座城市的国家电网公司。

一组国家电网公司的镜头，大楼巍巍矗立。

画面里，一身西装的秦小伟在挂着“国网公司应届招聘”的横幅下咨询着问题，填表。

在挂着“国网公司应届招聘考试”的横幅下，进入考场，奋笔疾书。

在挂着“国网公司应届招聘面试”的横幅下，帅气地发言、答辩。

随着高高抛起的应考资料，阳光里满是秦小伟灿烂的笑容。

画外音：我的理想即将实现，我的人生从此不同。

画外音，秦二宝的声音响起：“回家！”

随着声音，秦小伟一个哆嗦。

画外音：我的梦，就断送在这个声音里。在他的要求下，我又回到了大山。拜拜了，我的大城市梦！拜拜了，我梦想中的大楼！拜拜了，我梦中的西服工装！我恨他！

一行泪从秦小伟的脸颊滑落。

闪回结束。

（三）

日，外，大山。

秦二宝：（冷冷的声音）把你的眼泪擦了，一个大男人，动不动就泪汪汪的，我都替你丢人！

说完，转身收拾散落的工具包等，默默地向山下走去，走了两步，见秦小伟并未跟上，停下，默默等待。

秦小伟慢慢起身，狠狠地瞪了父亲一眼，默默跟上。

弯弯的山路上，秦二宝拿出望远镜，认真地观察着山梁上的铁塔："750 秦十线，横担正常，防鸟刺正常，绝缘子正常，线路正常，记，复述！"

秦小伟拿出本子，默默地记上。

秦二宝：（大声）复述！

秦小伟不满地盯了秦二宝一眼，小声地复述。

秦二宝：（大声）大声复述！

秦小伟：（大声地）750 秦十线，横担正常，防鸟刺正常，绝缘子正常，线路正常。

秦二宝：收拾东西，下山！

秦小伟：（生气）秦队长同志，我强烈地给你提意见，你能不能对同志和蔼一些！

秦二宝：我有必要对儿子和蔼吗？

秦小伟无语，眼中一丝泪光，跟着秦二宝默默地下山。

画外音：这就是我的父亲，把我从理想中叫回大山，又要求到自己身边，苛刻地对待我。每当我以同志的身份向他反抗时，他就严厉地以父亲的身份回复我；当我以儿子的身份反抗时，他就以队长的身份回复我。他就是我的噩梦。

（四）

日，外，山路。

大山巍峨，莽莽苍苍。

秦二宝和秦小伟从山路一步步下来，路边，停放着两辆摩托车。秦二宝从旁边的草丛中拿起一个背篓，在摩托的座位上固定好，两人发动摩托车，驶向远方。

（五）

日，内，流水供电所。

航拍，起伏的山峦，弯弯曲曲的公路尽头，一个小镇出现在人们眼前。

流水供电所，缴费厅上方大大的国家电网 LOGO 很是醒目，外墙上写着标语“你用电　我用心”，院内一道横幅“高举习近平新时代中国特色社会主义思想伟大旗帜　全面贯彻落实党的十九大精神”，2 辆皮卡车、8 辆摩托车干净整齐地停放在院内。

走进供电所，墙壁上的标语、图板展示着浓浓的国家电网企业文化和“国网张思德电力服务队”的愿景和文化。

供电所一楼会议室，“诚信　责任　创新　奉献”的金色大字镌刻在背景墙上。

秦二宝一身工装正在给大家开会，秦小伟在成员之中。

秦二宝：我来安排一下今天的工作，我们今天主要的工作是给移民新村的供电规划提供方案，踏勘现场。大家知道，为了让一些山里居民彻底远离地质灾害，让他们从贫困的地区搬出，我们陕西省从 2010 年就启动了移民搬迁安置工程，全省要搬迁 240 多万人，比当年的三峡移民还要多。根据规划，搬迁对象首先是受地质灾害、洪涝灾害或其他自然灾害影响严重的村庄，先把深山里居住条件最危险的农民搬出来，同时，离公路超 5 公里、人口规模过小等偏远村庄也在搬迁之列。我们今天要解决的移民新村电力供应，就是小白河新村，我们需要了解小白河新村现场环境，发展趋势，用电需求，报给公司。我来安排一下分工，我、秦小伟和张伟，负责新村接入线路路径和变压器位置踏勘，刘强、杨鹏你们两个一组，负责小白河新村村内线路的路径，李大双、王磊你们两个一组，负责下户线表计集中点和户数摸底。记住，我们的工作要求，是把情况摸清楚、详细到位置和具体户数。大家听明白了没有？

在众人响亮的回复声中，秦二宝宣布出发。

流水供电所内，1 辆皮卡和 4 辆摩托车顺序而出，沿着山路向前而去。

（六）

日，外，小白河新村。

青山隐隐，大山下，一条小河弯弯曲曲流向远方，山上，高高的电力铁塔耸立。

几排规划统一的别墅房子沿河而建，广场不大，但健身器材完备。

秦二宝、秦小伟和张伟在村外看着环境，指指点点，秦小伟不时在笔记本上写写画画。

（七）

日，外，小白河新村。

村内，刘强、杨鹏和李大双、王磊前前后后地在忙碌。

电话铃响，秦二宝：（掏出电话）喂，哪里呀？

电话内：秦二宝吗？我刚从山里下来，看到你们的线路上好像挂了一个风筝，就赶紧给你说一下。

秦二宝：好，谢谢，谢谢，地方在哪里？

电话内：在二里沟的山梁上。

秦二宝：好，我们马上就去。

挂了电话，秦二宝对张伟：给其他两组说一声，让他们继续工作，我们去看看。

说完，开车奔向二里沟。

画外音：这就是我的父亲，十里八村的，记不住电力热线“95598”，都能记住他的。三更半夜电力出问题时，都会给他打电话。乡镇里，最早买摩托车、装电话、买手机的，都是他，而他，是为了给大家修开关、换灯泡。在家和修灯泡之间，永远是灯泡大，在我上学和修灯泡之间，永远是灯泡大。

（八）

日，外，二里沟。

弯弯曲曲的山路上，黄色皮卡车飞驰，一条羊肠小道入口，皮卡车停了下来，秦二宝三人下车，背上工具包，从车后拿起砍山刀，沿着小道向山上爬去。

没多久，三人的身影隐没在浓密的灌木丛中，砍山刀拨打灌木的声音、粗重呼吸声交杂着在山中响起。

良久，声音停了下来，半山上现出三人的身影。

秦二宝：（拿出望远镜观察着）记录，秦十线280号杆东，有风筝悬挂在线路上。

一旁的张伟记录着，拿出手机，对着线路，放大，拍照。

秦二宝：拿出手机打电话张主任，有风筝悬挂在秦十线280号杆东边的线路上，需要处理，好，好，好。

挂了电话，三人转身向山下走去，隐没在灌木丛中。突然，秦二宝一声大喊："小心，马蜂。"说着扑倒了张伟，秦小伟赶紧趴在地上，用工作服盖住脑袋，一动不动。

一群马蜂蜂拥而起，在三人头顶盘旋，良久，未发现目标，才逐渐散去。

三人慢慢起身，长长地出了一口气，向山下走去。

一只马蜂突然从旁边灌木丛中飞出，径直落向张伟额头，随着一声惨叫，张伟的额头迅速鼓起大包。

秦二宝：（大喊）快下山，送医院。

秦小伟扶着张伟，三人下山。

（九）

日，外，山路

山道上，皮卡车飞驰。

驾驶座上，秦二宝一脸铁青。

秦小伟扶着张伟，一脸凝重。

张伟痛苦的呻吟声和秦小伟粗重的呼吸声叠加在一起，倍显压抑。

秦二宝：粗重的声音中，秦二宝的声音响起。

这么大的秦岭山，你以为大家愿意爬？野猪、马蜂、蛇，还有很多不认识的动物，哪个不影响人身安全，但不爬，谁来巡线？谁来确保电力线路安全？我是初中毕业，这样爬，我认了，你是研究生毕业，你不解决这些问题谁来解决，一线才是你发挥作用的地方！

闪回。

（十）

日，外，上白河村。

秦二宝带着秦小伟等在村子施工，杆上作业的秦小伟正在忙碌，围观的人群声音响起。

村民甲：哎呀，二宝真是能干呀，把娃娃也带出来了，研究生都能爬杆。

村民乙：能个马！二宝是初中毕业，干这活算能人，小伟可是研究生毕业，干这活，能个球！研究生跟初中毕业一球样，瞎费了那么多学费！

杆上的秦小伟，眼中充满泪水，愤愤下杆，恶狠狠地瞪瞪秦二宝，转身而去。

（十一）

日，外，山路。

车内，粗重的呼吸声中，村民的话语和秦二宝的声音交替响起："干这活，能个球！研究生跟初中毕业一球样，瞎费了那么多学费！""野猪、马蜂、蛇，还有很多不认识的动物，那个不影响人身安全，但不爬，谁来巡线？谁来确保电力线路安全？我是初中毕业，这样爬，我认了，你是研究生毕业，你不解决这些问题谁来解决，一线才是你发挥作用的地方！"

（十二）

日，内，流水供电所。

供电所一楼会议室，"诚信　责任　创新　奉献"的金色大字镌刻在背景墙上。

秦二宝一身工装正在大家开会，张伟头缠纱布在其中。

秦二宝：今天，我们结合最近发生的事情，来学习一下安规。主要针对两个问题，一是线路巡视中的安全问题；二是巡线中遇到野兽、蛇、马蜂等的防护和救治。刘强，你来带领大家，先学习线路巡视中的安全规定，然后讨论。

刘强拿起安规，开始宣读。

秦小伟陷入沉思。

秦二宝目光严厉地盯着秦小伟，刘强停止了宣读，大家的目光盯向秦小伟。

王磊用胳膊肘碰碰秦小伟，秦小伟未动。

秦二宝重重地敲了几下桌子，秦小伟依旧未动。

秦二宝：秦小伟！你在胡思乱想什么？

严厉的声音终于惊动了秦小伟。

秦小伟：报告，这几天来，我一直在想，都说科技改变生活，我们也应当用科技改变我们的工作，安规我们是要学，但我们更要想办法，用科技代替这些繁重、有危险性的工作。

众人的目光一震，露出赞许之色。

秦二宝：现在是安规学习时间！

秦小伟：（鼓足勇气）我觉得我们更需要先讨论一下科技提升安全的问题。

秦二宝要发话，一旁的张伟插话。

张伟：秦队长，我觉得小伟说的也没错，安规我们一直在学，现在也是复习，不如听听小伟的意见，我们讨论讨论。

其他人附和起来。

秦二宝：（终于点头）好吧，你把你的想法给大家讲讲。

秦小伟：我给大家汇报一下我的想法，我们现在的巡线，全凭人力爬到铁塔跟前，真的很累。如果能用无人机，就可以很好地解决这个问题。

众人露出兴奋之色。

秦小伟：现在很多人在使用无人机，拍照片、拍视频，我们可以用这种方式，把无人机作为我们的眼睛，离得近，也更能看清。

秦二宝：可行吗？

秦小伟：我认为可以。

刘强：无人机能飞那么高吗？

王磊：安全距离够不够？别一靠近高压线倒出了问题。

张伟：我觉得可以试试，它飞不够，至少我们可以少爬很多山，山上的垂直高度七八米，可够我们爬一阵子的。

李大双：秦队长，我觉得我们可以试一试，把这个问题作为我们的 QC 项目进行研究，说不准还真能成功呢。

刘强：对，公司一直在开展 QC 小发明、小创造、小革新、小设计、小建议“五小”活动，我们可以把它列为 QC“五小”项目，这样的项目肯定会被支持。

秦二宝：（怀疑的目光扫过）可行吗？

秦小伟：（坚定地看着秦二宝）我认为可行！

秦二宝：好吧，我们试试，就由你牵头，大家配合。但有个要求，不能影响正常的工作。

秦小伟：（忐忑）有个问题……

秦二宝：说！

秦小伟：我们至少得有一个无人机吧，钱从哪里来？即便立项，经费下来也得一阵子。

众人投来问询的目光。

秦二宝：(略略思索）需要多少钱?

秦小伟：按照飞行高度，好一些的需要近万元，便宜也得四五千。

秦二宝：好了，我自己先拿5000，你从工资里拿一些，选一款能符合要求的。不成功算我的。

秦小伟一愣。

刘强、张伟等人：（纷纷表态）我们每人出1000，剩下的你们掏吧，这样大家压力都小，试成功了，从经费里还给我们不就行了。

秦小伟激动地看着大家。

秦二宝：好，就这样。秦小伟，你牵头，一定要把它搞起来。我一会儿去给领导汇报，让领导们给咱们资金支持和技术支持。

（十三）

日，外，大山。

航拍，层层叠叠的山峦，苍翠蓊郁的树木，弯弯曲曲的山路，美景尽收眼底。

山梁上，铁塔高耸，一道阳光划过，塔顶泛出彩色的光晕。

山路上，喷着国家电网“95598”LOGO的皮卡车飞驰而过。

山脚下，美丽的山村。秦二宝几人巡线、抄表的镜头穿插展现。

（十四）

日，内，办公室内。

办公室内，墙上挂着电力线路走径图。

张主任坐在桌前，秦二宝在汇报工作。

张主任：二宝，你终于把这小子的心思给扭过来了，哈哈，不容易啊。搁我，我也想不通。

秦二宝憨厚地笑笑。

张主任：无人机巡线，我支持，小伟的劲头要鼓励，研究生在一线是有广阔地施展空间的。回头我再和他聊聊，给这小子鼓鼓劲，压压担子。(电话铃响起)

张主任：（接起电话，脸色变得严肃，终于吐出一口气）好，我现在就去，二宝和我一起去。

张主任：（看着秦二宝询问的目光）小白河新村的搬迁有点问题，刚才镇上来了电话，说是让我们去开协调会，你把小伟和其他几个人也叫上，我们现场好讨论。

秦二宝点头，掏出手机拨通了刘强的电话。

几分钟后，1 辆皮卡，3 辆摩托车向小白河新村驶去。

（十五）

日，外，小白河新村。

大山下，一条小河弯弯曲曲流向远方，山上，高高的电力铁塔耸立。

几排规划统一的别墅房子沿河而建，广场不大，但健身器材完备。

一群人集中在村内，沿街边看边谈。

周镇长：张主任，电力供应是我们移民搬迁的重要配套工程，搬迁来的村民生活能否幸福，电力的作用举足轻重，现在的供电问题进行得怎么样？

张主任：报告周镇长，小白河新村的电力供应没有任何问题，我们已经对变压器的架设位置、村内的线路走径全部勘查完毕，并制定了细致的工作方案，线路供电后，这一片的电力维护就交给了二宝他们，您放心，二宝他们保证会做好这里的电力维护。

周镇长：二宝人呢？好长时间没见了，一保政府放心，二保群众满意，交给二宝，我放心。

张主任喊远处正在看户型的秦二宝，秦二宝跑来。

周镇长热情的和秦二宝打招呼，秦二宝介绍小白河新村的电力线路架设和电表安装。

秦二宝：小白河村目前搬迁移民89户，我们在踏勘的过程中，已经初步确定了变压器的架设位置，变压器的容量，还要充分的考虑以后的发展，做到每家都能有动力电，这是相当高的起点了。机井的通电也考虑在设计里了。户表是一户一表，每8家集中一起管理，每户按10千伏的容量考虑，绝对能够满足小白河新村十几年的发展需要。

周镇长：好，考虑地细致，国家电网的考虑就是不一样，我们就是要充分考虑发展问题……

一名工作人员：（急匆匆跑来）周镇长，周镇长，前面吵起来了。

周镇长：（蹙眉）什么情况？

工作人员：一部分移民搬迁的人员看了看房子，不愿意下来了。还有，往小白河新村拉沙子的车在前面被挡住了。

周镇长：挡车干什么？

工作人员：小白河新村建设要经过上白河村，路窄，车辆就压了人家的地，被压地的人家要求赔偿，就吵起来了。

周镇长：（皱眉）走，去看看。（两步后回头对秦二宝）二宝，你跟我一起去，上白河村是你们村，你可是咱们这片德高望重的人，大家服你，帮着一起说说。

一行人往前走去。

秦小伟：（问工作人员）搬迁是好事情，为什么他们不愿意呢？

工作人员：（皱眉）山上二分地，种点菜，养头猪几只鸡，种点粮食都能吃饱，下山了，怎么适应新生活？搬迁户有自己的考虑，住在山下，种地在山上，不方便呀。

秦小伟的眉头皱了起来，紧跟工作人员向前赶去。

（十六）

日，外，上白河村。

几排高高矮矮的房子坐落在山脚下，八山一水一分田的山区，难得有一片平坦的好地。

村外，一条三米左右的土路伸向小白河新村。

几辆拉沙车被挡在了路上。

路旁的地里，深深的车辙侵占了两边各有半米。

周镇长、张主任和秦二宝一行在给村民做工作。

大柱带头的几名村民：（倔强地要求赔偿）不要放了他们，今天不赔钱，就不要想从这里过！

旁边的村民：（附和）就是，不赔钱，就不要想从这里过。赔钱！赔钱!!

画外音：要想富，先修路，因为路窄，老村子要拓展路。但拓展路，就要有人做出牺牲。

秦二宝：大柱，问题以后会解决，先让车过。

大柱：车先过，谁赔偿？你看，你媳妇也在。你媳妇同意，我们就先放车过去。

众人：（附和）对，你媳妇同意，我们就先放车过去！

秦二宝抬头，自己老婆却在最后。

秦二宝和秦小伟都愣住了。

秦二宝：孩他妈，走，先回家，咱不能影响政府的正常工作。

秦小伟：妈？

秦小伟母亲看看父子二人，转身默默地走了。

画外音：这就是我的家庭，一方是农民，一方在外上班。离开大山，不再是农民，是多少农村人的梦想，父亲离开了农村，也没有离开农村，我常常思考，他知道离开农村是什么感觉吗？

秦二宝：好了，大柱，让车过，事以后会解决的。

大柱等人看了看秦二宝，悻悻地走了。

（十七）

夜，内，流水供电所。

黑黢黢的大山，只有点点星光。

镇子里，一片安宁，明亮的路灯伸向远方。

办公室里，秦小伟和王磊趴在电脑前，研究着资料，秦小伟挪过身子，在桌上写写画画，桌上摆着一套制图工具。

流水供电所的健身器材处，烟头一明一灭，明灭之中，秦二宝的眼睛怜惜地盯着秦小伟加班的办公室。

（十八）

日，外，山路上。

层层峦峦的大山，山路弯弯曲曲。

一辆小车驶过。

秦二宝开车，秦小伟坐在副驾。

秦二宝：我们今天回去，一起和你妈商量一下，我想带头，把咱家的地让出 1 米，还要劝说另外几家也让地。

秦小伟：为什么？

秦二宝：现在到小白河新村的路，必须经过咱们村，咱们村的这段路，也就 3 米宽，还是土路，晴天都是坑，雨天全是泥，就没有好走过，村子里人出趟门也不容易。如果我们这边让 1 米，另一边也让 1 米，路就可以拓宽 2 米变成 5 米，双车道就没问题。

秦小伟：双车道也不解决问题呀？

秦二宝：如果大家同意，我们可以找政府，争取扶贫修路，把土路变成水泥路，这样，咱们村和小白河新村就都解决了道路问题，要想富，先修路，有了路，也好发展致富。

秦小伟：能成吗？

秦二宝：不试咋能成？

秦小伟：咸吃萝卜淡操心。

秦二宝：闭嘴！

车内一阵沉默。

秦二宝：习总书记说，绿水青山，就是金山银山。看看我们的山，多美多漂亮。你要有本事，就要让生你养的大山富起来、美起来。

秦小伟：移民搬迁不就是好办法吗？

秦二宝：搬也好，迁也好，搬迁之后，他们拿什么生活？能生活好吗？

秦小伟沉默。

秦二宝：你是大山的孩子，要让这绿水青山变成真正的金山银山，是你的责任，而不是一迁了之！这秦岭大山，这绿水青山，有你施展抱负的地方。

车内沉默起来，驶向远方。

（十九）

日，内，上白河村。

大山莽莽。

一条不宽的小路伸向山下不大的村子。

一条河从村旁弯弯流过。

秦二宝的车开进村子，在自家门前停下。

这是一座二层的小楼，从外面看起来属于村中较好的一座。

家里，宽敞的前厅。一面挂着电视，电视对面是上二楼的楼梯，沿着楼梯的墙，放着一张长沙发。家里简单整洁，透着温馨和雅致。

秦小伟母亲迎上，一脸高兴。

秦小伟：（高兴）妈。

秦母：我刚割了点韭菜，妈给你包饺子，好不好。

秦小伟：好。

一家人准备包饺子。

秦二宝：孩他妈，跟你商量个事。

秦小伟目光复杂地看看母亲，又看看父亲。

秦母：（笑）有啥事就说，还这么严肃，小伟犯事了？

秦二宝：你看吧，小白河新村刚搬迁来，通过的路确实是问题，上次为了拉沙子，咱们村和施工的对了起来，新村如果真的建好后，肯定还会为了路起纠纷。

秦母：这倒也是。

秦二宝：所以，我有个想法，把那条路拓宽，修成水泥路。

秦母笑：你本事还大得很，修水泥路是好事，路咋拓宽？

秦二宝：把路两边的地，各让出1米，咱们带头。

秦母：路让出1米，还有水渠再半米，这都快1分地了，你以为简单。

秦二宝：我想，我们带头，我再挨个做工作。

秦母：拉倒吧，十几户人家，每户1分地，加一起都1亩多了。山里的平地，谁舍得！小伟，你说呢？

秦小伟：我觉得挺好，让就让。

秦母：（盯着两人，有些生气）看来你们两个已经勾搭好了，一起来诓我！

秦小伟不好意思地笑了。

秦母：不同意！你们对地没感情，我种了几十年，我舍不得。再说，你们去劝别人让地，得罪人呀，找挨骂？你们上班拍拍屁股走人了，我呢，在家里替你们看人家白眼。

秦二宝秦小伟面面相觑，尴尬地包各自的饺子。

（二十）

日，外，流水供电所。

天气晴朗，流水供电所干净整洁，张思德电力服务队标志醒目。

一辆皮卡抢修车开进来，秦小伟兴冲冲地从车内跳下。

秦小伟：张伟，王磊，无人机到了，无人机到了！

随着声音，张伟、王磊等人从办公室里跑出，供电所里热闹起来。

几个人兴奋地拿下无人机的箱子，七手八脚开箱，翻看说明书，捣鼓起来。

办公室里，秦二宝抽着烟，透过窗户，默默地看着兴奋的年轻人，嘴角挂着一丝笑意。

笑意中，一架无人机缓缓升起，无人机下，是几张洋溢着青春的脸。

（二十一）

日，内，流水供电所。

会议室里，秦二宝主持开会，秦小伟等全员在座。

秦二宝：我们讨论一下当前的工作。先讨论一下秦小伟负责的QC项目，无人机巡线的事情。秦小伟，你来介绍一下这个项目的进展情况。

秦小伟等一脸兴奋。

秦小伟：昨天，我们的无人机到货后，我和张伟几个人试了试无人机，目前基本能顺利操作无人机，但有几个问题还需要进一步解决。一是飞行高度问题，我们的铁塔高度加上山的高度，动辄过百米，实际中无人机能不能飞到那么高？二是按照安规要求，距离架空线水平距离不能低于30米，天空定位是问题。这些都需要我们到实际中现场操作一次，积累经验。

秦二宝：还有没有谁要补充？

张主任在门外敲门。

秦二宝：张主任？

张主任：（带陌生人进门）二宝，会开得挺热闹呀，哈哈……

秦二宝：我们正在研究无人机巡线的事情。

张主任：我就知道你们在琢磨这件事，所以呀，给你们送服务来了。

秦二宝：送服务？

张主任：省公司党委提出，本部服务基层，机关服务一线，你把小伟的想法汇报后，我也琢磨了琢磨，立足岗位搞创新，这是好事情，就把情况给上级汇报了一下，这不，省公司也高度重视，运检部专门让龚处长过来，就他了解的情况，给大家做个指导。来，我给大家介绍一下，这是省公司运检部的龚处长，大家欢迎。

众人掌声起。

龚处长：大家好，我是咱们省公司运检部的龚国战，张主任汇报了想法后，我们也是相当重视，按照书记要求，机关服务基层，处室服务一线，我们决定，把无人机巡线这项创新项目的试点，就放在咱们流水供电所，希望我们共同把这个试点搞好，积累经验并在全陕西推广。大家有什么问题可以一起讨论。

秦小伟等热烈鼓掌。

龚处长：巡线无人机是一个复杂的集航空、输电、电力、气象、遥测、遥感、通信、地理信息、图像识别、信息处理的一体系统，涉及飞行控制技术、机体稳定控制技术、数据链通信技术、现代导航技术、机载遥控遥感技术、快速对焦摄像技术以及故障诊断等多个高尖技术领域。我们实际工作中，巡线工作的场地和环境复杂，有很多地方都是人烟罕至，难度和危险性极大，无人机巡线监测在减小劳动强度和难度的同时，电力作业人员的人身安全也得到了保障。无人机电力巡检系统的作业主要利用任务载荷、可见光录像（VTR）、远距离摄影（Photography）、红外热成像、绝缘子检测等对巡检目标或线路进行检测，获取的遥感数据可进行电网线路通道障碍、电网线路接插件松脱、缺失和磨损、绝缘子劣化、破裂和污秽、部件错误搭接、间隔棒松脱和损坏，导线和地线磨损、导线和金具内部损伤、导线连接点过热等巡视检测。无人机巡线不仅时间大大缩短，而且成本低、全自动运行，对于应急检测保障的效率有极大地提升……

（二十二）

日，内，秦小伟家。

餐桌上，菜饭摆满了一桌，氛围有些尴尬。

秦二宝默默地抽着烟。

秦母一脸不高兴。

秦小伟：妈，这已经都是第四次了，您就放心吧。我觉得我爸说的有道理，我们就让出1米的地吧。

秦母：（瞪秦小伟）你个叛徒！忘了他对你的伤害了？

秦小伟：（尴尬）妈，这是两回事……我爸那也是为我好。

沉默……

秦母：（无奈地摇摇头）好吧，我就答应你们两个，一对活宝。

秦小伟：（笑）妈！

秦母瞪秦小伟。

秦二宝扔了烟，殷勤地给爱人夹菜。

秦母：（嗔怪地瞪眼）别整这没用的，还有其他十几户人家要说服，还有你说的让政府修路，牛皮吹出去，别收不回来。

秦二宝：（憨笑）收得回来，收得回来。

屋内，氛围开始活跃。

（二十三）

日，外，二里沟。

弯弯曲曲的山路上，黄色皮卡车飞驰，一条羊肠小道入口，皮卡车停了下来，秦二宝一行下车，背上工具包，从车后拿起砍山刀，沿着小道向山上爬去。

半山腰一个相对平缓的地方，一行人停了下来。

秦二宝：（宣读工作票）今天的工作任务，无人机巡线测试。工作负责人秦二宝，工作监护人张伟，工作班成员，秦小伟、王磊、刘强、杨鹏、李大双，安全措施操作员秦小伟，要注意无人机和导线之间的安全距离，其他人员要注意野外巡线的安全注意事项，防踏空、防蛇、防马蜂。

伴着秦小伟的操作，无人机螺旋桨轰鸣，向几百米外的铁塔飞去。

所有人紧张又激动地一会儿盯着飞机，一会儿盯着接收显示屏看。

显示屏中，航拍的大山、铁塔、输电导地线、金具、绝缘子等清晰可见。

忽然，一股山风袭来，无人机歪歪扭扭地向下跌去，在众人的惊呼中，秦小伟连续操作，终于在飞机即将贴近树梢的时候，控制住飞机向回飞来。

众人悬着的心终于放下。

秦小伟：（长出一口气，略带激动）基本成功，至少我们已经能够通过这种方式全方位获取线路的图像资料，代替人工攀爬巡检。

秦二宝也是长出一口气。

王磊：我们还能不能再来一次。

秦小伟：（点点头，却又摇摇头）这家伙很耗电，一次只能飞半个小时左右，只能下次了。

秦二宝：好，基本完成任务，工作结束，回去总结。

众人收拾工器具向山下而去。

（二十四）

日，外，上白河村。

秦二宝和一户人家正在沟通，希望对方让出 1 米地。

远处传来声音：走走走，走远，走远！

秦小伟和一户人家沟通，希望对方让出 1 米地。

远处传来声音：吃饱撑的！研究生的书都念到狗肚子里去了！

秦母和一户人家沟通，希望对方让出 1 米地。

声音传来：以前我觉得你们这家人还行，现在我看你一家子都成了“蒲志高”！

三人失望地离开，回到家中。

秦二宝：（默默地抽烟，良久）过两天继续做工作。

秦母：（流泪）真是吃饱撑的！

（二十五）

日，内，流水供电所。

会议室里，秦二宝主持开会，秦小伟等全员在座。

秦二宝：前几天，我们第一次飞了无人机，也让大家思考了一下无人机的使用，今天我们来总结一下无人机项目。秦小伟，你先说。

秦小伟：我觉得，无人机的使用，首先要看环境要求，其中要注意下面几个情况，一是如果遇到大雨、大风、冰雹、大雾等恶劣天气或出现强电磁干扰等情况时，不宜开展作业；二是起飞前，要确认现场风速及起降地点的地形环境符合现场作业条件；三是巡检区域处于狭长地带或大档距、大高差、微气象等特殊区域时，作业人员要根据无人机的性能及气象情况判断是否开展作业；四是特殊或紧急情况下，如需在恶劣气候或环境开展巡检作业时，要针对现场情况和工作条件制定安全措施，履行审批手续后才能执行。

张伟：我觉得作业现场要规范，一是生产条件和安全设施等要符合有关标准、规范的要求；二是劳动防护用品应合格、齐备，现场作业人员均应穿戴长袖棉质服装；三是作业人员应被告知其作业现场和工作岗位存在的危险因素、防范措施及事故紧急处理措施。

王磊：我认为首先要对工作人员进行角色定位，按分工可以分为工作负责人、程序控制人员、操作控制人员，工作负责人可兼任程序控制人员或操作控制人员，但不得同时兼任。必要时，也可增设一名专职工作负责人。具体的分工，一是工作负责人要全面组织巡检工作开展，负责现场飞行安全；二是操作控制人员负责无人直升机人工起降操控、设备准备、检查、撤收；三是程序控制人员，负责程控无人直升机飞行、遥测信息监测、设备准备、检查、航线规划、收机。

李大双：我查了一下资料，我们开展任务的时候，应该有一个空域申报制度，无人机巡检作业应严格按国家相关政策法规、当地民航军管等要求规范化使用空域。工作负责人和程控手应提前掌握巡检线路走向和走势、交叉跨越情况、杆塔坐标、周边地形地貌、空中管制区分布、交通运输条件及其他危险点等信息，并确认无误。应当提前确定并核实起飞和降落点环境。

刘强：我认为在工作票方面也应该有所完善，对复杂地形、复杂气象条件下或夜间开展的无人机巡检作业以及现场勘察认为危险性、复杂性和困难程度较大的无人机巡检作业，应专门编制组织措施、技术措施、安全措施，并履行相关审批手续。

秦二宝：大家讨论得非常好，我们把这些思路和想法好好地梳理一下，最好形成一些导则和细则，为我们今后的工作提供指导。今天的讨论就到这里。

秦小伟：我还有新的想法。

秦二宝：好，说出来，我们也讨论讨论。

秦小伟：我把最近无人机、除异物、扶贫等几项工作综合考虑了一下，有了一些想法，对不对请大家讨论。

李大双：说吧，我知道你写写画画好几天了。

秦小伟：第一个，无人机的电源问题，我了解到，西安公司有一个小发明，现场电源供应设备，可以快速在野外给手机、蓄电池等充电，我们可以联系使用；第二个，除异物，我们可以再搞一个小发明，以遥控的方式，给一个滑轮一样的工具装上齿轮，齿轮转动，就可以割断缠绕在导线上的风筝塑料等异物；第三个，关于扶贫，我们可以搞一个光伏扶贫，给现在的小白河新村全村装上光伏板，这样全村就有了固定的收益，一些不太远的山沟，也可以根据地形装上光伏板，把地形和条件较好的扶持成农家乐，这样不仅能解决扶贫问题，更可以带动大家致富。

王磊、李大双等：（带头鼓掌，连声称好）秦队长，这些想法好，我们现在就去找张主任，把这些事干起来！

未等秦二宝说会议结束，众人拥了秦二宝和秦小伟兴奋地向外走去。

（二十六）

日，内，金州供电局张主任办公室。

秦二宝一众围聚在张主任周围，秦小伟在汇报。

张主任：（一拳砸在办公桌上）干！甩开膀子，好好干！

众人欢呼，引来其他办公室抬头张望。

（二十七）

日，外，高速公路上。

汽车行进在美丽的高速公路上，美丽的秦岭山峦向后倒去。山峦上，巍巍的铁塔高耸。

张主任、秦二宝、秦小伟兴奋地在车内谋划。

汽车出了曲江收费站，向城里驶去。

（二十八）

日，外，西安。

美丽的西安展现在眼前，钟楼、鼓楼、大雁塔一闪而过，车流在二环上飞驰。

一座圆形的大楼出现，楼顶的“国家电网”巨大醒目。

汽车驶进大院，国网公司标牌立在上方，国旗、国网公司旗迎风飘舞。

（二十九）

日，内，国网公司大楼内。

龚处长带着张主任、秦二宝、秦小伟进到一间办公室，在笑声中出来又进入到另一间办公室，最后来到21楼书记办公室，秦二宝汇报工作，秦小伟和张主任补充汇报，书记认真听取，频频点头。

书记：秦二宝汇报完，一拍桌子，好，精准扶贫，全村同步脱贫，用我们的优质服务，加起党和人民的连心桥！不但要干，还一定要干好，用实际行动向党和政府交出满意答卷！

（三十）

日，外，高速公路。

美丽的秦岭，苍翠蓊郁。笔直的高速公路伸向远方。

轻快的音乐声中，秦二宝、秦小伟、张主任的笑脸不断浮现，秦小伟幸福的脸庞充满干劲和活力。

（三十一）

日，内，流水供电所。

秦小伟一众在练习操控无人机。

王磊操控结束，刘强迫不及待地抢过遥控器，无人机嗡嗡叫着再次飞向蓝天。

秦二宝在一旁默默地笑着。

（三十二）

日，外，小白河新村。

秦二宝带领众人分三组查勘现场。

对讲机里不时传来声音：一组汇报，白新支线2号杆的位置选点合适；二组汇报，二排中间8户居民进户表集中安置点选取合适。

（三十三）

日，外，白河新村。

一大堆人围住秦小伟母亲，激动地说话。

秦母：（声音有些嘶哑）1米宽，1分地，你发不了家，也致不了富，如果让出来修成水泥路，我们再也不用晴天吃土灰，雨天一身泥。我们的山货也好往外运不是，小白河新村的搬迁居民不也能更好地生活。

老头甲：你说得好听，路是你家的？你说修就能修了，修条路还不得花几十万，你家掏？

大妈乙：就是我们同意让出地，让我们再掏钱，门都没有。

秦母：大家放心，只要我们同意让出1米宽的地，修路的事，我们家二宝会找政府的，大家放心。

众人：我们才不放心呢，你们家二宝人是个好人，用电什么的随叫随到，可那是电力上的事，人是电力上的人，和政府没关系的。

一声汽车的喇叭响，车停了，秦二宝和秦小伟下车来到众人跟前。

老头甲：秦二宝，我们让出地，你能保证修路吗？

众人：（附和）对，你能保证修路吗？

秦二宝：大家放心，只要大家同意让出地，我保证给大家修出一条水泥路，不用大家掏一分钱！

老头甲：空口无凭！

秦二宝：我家在这，我跑不了，老婆孩子也跑不了。我要修不好，你们还不得天天指着我的脊梁杆子骂我！大家说，我家带头让地，我还要带头修路，亏了还不是我最亏。你们就放心吧。

中年丙：我同意二宝的话，他又占不了啥便宜。二宝，你说咋个让法？

秦二宝：要我说，空口无凭，不如我们这十几家，立个自愿让出1米地的文书，签上名字，摁上手印，我拿着这个，找政府去。

老头甲：我让自己的地，咋感觉跟个杨白劳一样了。

秦二宝：没有这个文书，政府也不敢下势来修路呀，修半道上你反悔了，让政府的工作人员咋背锅呀。哈哈……

中年丙：好，我带头，二宝，你来拟文书，我签字摁手印。

秦二宝：写文书这事我不行，咱有研究生呢，小伟，你来写吧。

秦小伟：好！

众人簇拥下，秦二宝秦小伟向家里走去。

老头甲：我摁指纹了。

众人：你摁歪了！

“哈哈哈”的大笑声从屋里传出。

（三十四）

日，内，流水供电所。

会议室里，秦二宝带着大家开会。

一中年男子：（站在讲台）我是西安公司的林涛，我们林涛劳模创新工作室研制的野外电源供应发明，完全可以解决大家的需求，设备供电、手机充电、应急灯充电，全部能满足。下来我给大家演示一下。

秦小伟等人高兴地看着演示。

张伟：林劳模，你咋想起研究这个？

林涛：和你们研究无人机一样，就是想解决工作中的难题。一线工作，大有研究舞台，越是一线的难点问题，就越是需要我们研究解决。

秦小伟的笑容顿了顿，思索了一下，抬眼看向秦二宝。

秦二宝笑眯眯地盯着兴奋的大家，笑容中充满欣慰。

(三十五)

日，外，上白河村。

一群人围着几个人，在村外走来走去，一片欢乐的氛围。

张主任、周镇长、秦二宝、秦小伟等指着泥路和土地在讨论。

秦二宝：（拿出大家的文书）周镇长，这可是我们村 21 户人家自愿让出的地，就想让这条土路变成水泥路，变成可以轻松会车的宽一些的水泥路。我们村能发展，小白河新村今后就是我们的兄弟村，也能够很好地发展。

周镇长：（转身对大家）大家放心，小白河村 21 户人家已经做出了这么大贡献，我们一定把路修好，修成结结实实平平展展的大马路，再给大家装上路灯，大家傍晚就可以像城里人一样，在我们这绿水青山旁压马路了。

老头甲：我们这里空气好，菜都是新鲜的，也让城里人眼红一下我们。

众人哈哈大笑。

张主任：周镇长，我们把小白河新村光伏扶贫的想法回报道省公司后，我们的党委书记非常高兴，非常支持，要求我们必须全力以赴，把小白河新村的光伏扶贫做好做实做到位。今天刚好负责这项工作的省公司营销部薛主任在现场检查工作，我们一起去看看吧。

周镇长：好，太好了，我们这就去。

（三十六）

日，外，小白河新村。

张伟、刘强等人正在忙来忙去。

两辆车停了下来，张主任周镇长等人下车。

张主任：薛主任，周镇长来看望大家。

薛主任同周镇长握手问候。

薛主任：光伏扶贫主要是在住房屋顶和农业大棚上铺设光伏电池板，自发自用、多余上网。也就是说，我们搬迁的移民可以自己使用这些电能，并将多余的电量卖给国家电网。通过分布式光伏发电，每户人家都将成为微型光伏电站。其中的光伏大棚，除利用顶部发电外，棚下可开展林下经济，提高复种指数，改变种植模式，如蔬菜种植；也可进行家禽家畜养殖等，全面推进产业升级。同时，利用旅游资源优势，开展生态采摘、农家乐等旅游项目，提高设施附加收入。根据我们的测算，小白河新村的光伏投运后，一年大约可以为全村增加 30 万元的收益。每户仅这一项就将近 1 万元的收益。

周镇长：感谢国家电网，想了这么好的一个方法，让搬迁的移民同步脱贫，有了重要的经济收益。

薛主任：为了保证小白河新村搬迁移民的致富发展，我们在规划线路时，完全按 10 年不落后的标准进行建设，家家都通上动力电，村里的每个机井也是全部通电到位，绝对满足小白河新村的发展需求。

周镇长：一保政府放心，二保群众满意，薛主任，国家电网让我们的发展和群众对美好生活的渴望充满了动力啊，感谢你们!

薛主任：另外，我这次也是按照我们党委书记的要求，代替他先来看看现场，我们书记指示，不光光伏扶贫我们支持，通往移民新村的这条路，我们和镇政府一起修。

周镇长：（紧紧握住薛主任的双手）好啊，太感谢了！我们一起把这条路，修成移民新村的幸福之路!

秦小伟：要不，我们现在就给这条路取个名字，叫幸福大道!

众人：(哈哈大笑）好，就叫幸福大道!

（三十七）

夜，外，流水供电所。

车棚处，摩托车和皮卡被放在了外面，腾出来的地方，放了一台切割机和电焊机。

秦小伟、张伟等人在忙碌。

秦小伟：(拿着夹板，指着上面的设计图）长 400 毫米，宽 300 毫米，这里安装电源，这里安装滑轮导轨，这里安装电动机，这里安装切割机，工作原理是装置在导线上行走，切割机一直旋转，利用旋转的切割机将导线上的异物切割掉。

张伟操作切割机，切割铁皮，火花飞溅。

王磊几人在工作台上，按照图纸安装各个部件。

办公室里，秦二宝看着忙碌的大家，一脸欣慰。

办公室的墙上，“你用电 我用心”几个大字，闪闪发光。

（三十八）

日，外，小白河新村。

挖掘机、碾路机、卡车一字排开。

一群人在忙忙碌碌，沙土车一车一车在向道路填土。

老汉甲：（指着其中一个负责人）你把路给我们修好，敢偷工减料，我就到政府去告你！告诉你，我天天就在这里盯着你们干活。

负责人：老大爷，你就放一百个心吧，我们肯定会把路修得瓷瓷实实漂漂亮亮，你呀，爱盯就陪着我们干活吧。这个项目，现在不光你盯，国家电网也在盯，这已经是国家电网和政府共同的扶贫项目了。

（三十九）

日，外，小白河新村。

秦二宝等人在忙碌，几个人在居民的屋顶测量。

秦二宝：李师傅，你们在设计的时候，可要考虑好了，要牢固，还要检修什么的方便。我们不懂这些，你的设计，既要我们的房子安全，还要以后万一遇个什么检修的安全方便。

李师傅：你就放心吧，我们的资质和水平可是一流的，光是设计的支架，就比以前的规格高一级，安装也是调来了我们最强的一组，小菜一碟。哈哈……

（四十）

日，外，二里沟。

峰峦起伏，铁塔高高耸立。

一架无人机在空中盘旋，接近铁塔，悬停，再变换位置，悬停。

山腰，一群人在忙碌。

显示器上，无人机传来的画面清晰地出现。

秦小伟：刘强，做好记录，特别是电量的损耗要记录详细。王磊，记一下我们的程序，我们一会再研究一下程序，力争形成操作导则。

（四十一）

日，外，流水供电所。

流水供电所内搭起了一段模拟线路，秦小伟等围在一旁讨论。

秦小伟：我们今天先试一试这个机器人的稳定性，看看能不能满足我们的需求。

刘强把一个风筝缠绕在了模拟线路上。

张伟拿起外形粗糙的机器人，放在了线路上。机器人有些摇晃。

秦小伟：张伟，调一下机器人的重心，保证机器人运行稳定。

张伟拨动机器人配重，重新放到了线路上。

秦小伟按动遥控器，机器人稳稳地在线路上走动。

所有人目不转睛地看着机器人接近风筝，秦小伟按动切割机旋转开关，切割机旋转起来。但却越过了风筝，线并未切断。

张伟拿过机器人重新布置，机器人再次越过了风筝。

秦小伟几人围着机器人开始讨论。

一个声音传来：就这烂东西，能处理这些，拉倒吧！

秦小伟几人抬头。

秦二宝：（迎上前）牛武，你来干啥？新玩意，肯定少不了有很多问题，少胡说。

牛武：张主任说最近你们又是扶贫又是光伏，让我过来和你沟通一下，工程量大的话，组织开展大会战，打歼灭战。我过来了解一下情况。

秦二宝：走，到办公室。

牛武：好。（看了看秦小伟几个）就这烂东西，拉倒吧！

秦小伟几个一脸气愤。

牛武一脸不屑地和秦二宝走向办公室。

秦小伟几人愤愤地继续研究。

几分钟后，秦二宝送牛武出门。

牛武：二宝，你让娃娃们爱干啥干啥去，折腾着屁用不顶的，有啥意思嘛，处理这些，还是派两人上去踏实管用。

王磊：老牛同志，我告诉你，不要说你业务强，我们这个机器人，搞成功了，比你现在的处理方式强一百倍，你那一身蛮力，屁用没有。

刘强：我看，下岗都有可能！

牛武：（哈哈大笑）就这烂东西，拉倒吧。

秦小伟：（压住火气）牛师傅，这样吧，我们打个赌，我们的机器人研制好后，你派你最能干的人员，咱们比试比试。

牛武：好啊，赌什么？

秦小伟：赌大了害你，在所有人面前说“我服了”，然后请我们吃饭，标准我们定。

牛武：要是你们输了呢？

秦小伟：我们在所有人面前说“我们怂”，请你们吃饭，标准你们定。

牛武：好嘞，就这么定了。我想想该喝茅台还是五粮液，哈哈哈……

秦小伟：不理他，我们接着干。吃定他了！

张伟等：对，吃定他了！

（四十二）

日，外，上白河村。

挖掘机轰隆隆作响，卡车进进出出，已经铺出了一段平坦的路。

修路紧张施工中。

工地负责人拿着对讲机指挥着。

老汉甲和几个人拿着烟管看车来车往，眼角透着笑。

（四十三）

日，外，小白河新村。

屋顶上，施工人员在安装支架。

工地指挥拿着对讲机指挥着。

光伏安装紧张施工中。

（四十四）

夜，外，流水供电所。

安静的流水供电所，路灯照亮了地面。屋檐的窗台上，放着几盒方便面。

秦小伟几人还在捣鼓着机器人，机器人一会在模拟线路上，一会被拿下来敲敲打打。

王磊：小伟，你歇一会，方便面都放凉了。

秦小伟：（擦擦汗）不急，再稍微调整一下就没问题了。（拿起机器人放到模拟线路上）张伟，你操作。

张伟拿着遥控器操作起来。

机器人稳稳地向前走去，接近风筝，随着切割机的声音，风筝应声落下。

刘强、王磊等人：成功了!!!（欢呼着抱起秦小伟）成功了!成功了!

秦小伟：刘强，弄些塑料袋缠上，我们试试有难度的。

众人惊异。

秦小伟：干就干个最难的，让牛蛮力输得心服口服，哈哈哈……

众人哈哈哈大笑。

刘强快速拿出一些塑料布，缠在模拟线路上。

张伟操作起来。随着切割机的声音，塑料布也应声落下。

众人一片欢呼。

秦小伟：刘强，拿一片编织袋试试!

刘强：啊，导线上不可能有这样的异物的。

秦小伟：搞定最难的，其他迎刃而解。

刘强：好!

在张伟的操作下，编织袋应声而落。

刘强：我们的机器人能切断一切异物!

秦小伟：理论上说，这取决于切割刀片的锋利程度，还有电机的功率，只要这两样给力，钢板都能割断。

刘强：我们换个更好的。

其他人：对，我们换个更好的。

秦小伟：好，我们换个更好的，比试的时候，就用编织袋。对了，我们明天就去给牛武下战书！

张伟：直接在张主任面前下战书！

众人：对，就直接在张主任面前下战书！让老牛躲无可躲！哈哈哈……

王磊：我们是不是应该给机器人取个好听的名字？

刘强：对，应该取个有特点的名字，自己的娃，总该有个大号。

秦小伟：（略一思索）我们的机器人像人一样，我们把他涂成黄色的，挂在线路上也醒目，就叫他小黄人吧。

众人：好，就叫小黄人！

刘强：我们和牛武的比武，就叫小黄人大战牛蛮力！

众人：（哈哈大笑）对，就叫小黄人大战牛蛮力。

（四十五）

日，外，上白河村。

平直宽阔的马路基础已经处理好，一半的土路，一半的水泥路正在铺通。

老汉甲和村里人美滋滋地看着。

（四十六）

日，外，小白河新村。

屋顶上，已经安装成片的光伏板在阳光下闪闪发光。

秦二宝、现场指挥等在现场忙碌着。

（四十七）

日，外，二里沟。

层层峦峦的大山，铁塔高高耸立。

山下，几辆皮卡车从山路飞驰而来，在二里沟进山处停了下来。

张主任和秦二宝、牛武等一行人下车。

秦二宝：大家集中一下。

众人迅速站成两排。

张主任：同志们，借着难得的检修机会，我们今天来一场练兵和比武。大家都知道，牛武队长是我们的技术标兵，他带出来的徒弟也多次在比武中取得好成绩。秦二宝同志带的班里，在秦小伟同志的带领下，做了一些创新发明。这些创新发明的效果如何？都需要通过实践检验。牛师傅班组和秦师傅班组的比武，既是传统技术和新技术的比武，更是观念的比武。这几项技术如何，我也希望通过这次比武看到效果。今天秦十线停电检修，这是很难得的机会。我们已经给省公司汇报过，借着这次机会，开展这项实训和比武。比武的内容有两项，一是线路巡视，牛队长班组传统巡视，秦二宝班组无人机巡视；二是线路异物处置，异物我们已经悬挂上去了，牛队长班组传统方式处置，秦二宝班组使用他们的新发明处置。大家明白了没有？

众人：明白。

张主任：好，秦二宝，你宣读工作票。

秦二宝：现在，我宣读工作票。工作地点，秦十线。工作内容，线路巡视和异物处置。工作负责人，秦二宝；一组负责人牛武，二组负责人秦小伟。安全措施……现在，开始工作。

牛武：走，快点快点，带好工器具，上山！

6 名班组成员紧跟牛武向山上爬去。

秦小伟：张伟、刘强，你们负责在这里无人机巡线。我、王磊、李大双去处理异物。都要做好记录。

张伟等人：是。

秦小伟、王磊、李大双带着工器具上山，张伟、刘强准备无人机。

山上，牛武等人的身影已经不见。

秦小伟：大家注意安全，不急。

（四十八）

日，外，二里沟。

青山莽莽，铁塔高耸。

一架无人机从山底飞出，很快飞到了线路上方。一会儿悬停，一会儿飞跃变换位置。

山下，实时的影像穿线在显示屏上，张主任等人认真地看着。

张伟：刘强，把记录保存好，对绝缘子、横担等关键位置截图，打出照片。

刘强：好。

半山腰，牛武的班员停下观看，脸露羡慕。

牛武：看什么看，赶紧上山！什么玩意？

不远处，秦小伟三人慢慢地跟了上来。

（四十九）

日，外，二里沟。

半山腰，铁塔处。

两组人员基本同时到达。

牛武等人拿出望远镜，一人观测，一人记录。其他人员准备处理异物工具。

秦小伟：我操作，李大双，你上塔放置小黄人，王磊监护。

李大双、王磊：是。

牛武等人观测时，李大双背了工具包，向塔上爬去。

空中，青山苍茫。

李大双爬到塔顶，系好安全带，拿出小黄人，放置在导线上。

李大双：（大喊）放置完毕，可以操作。

秦小伟：注意安全，开始操作。

秦小伟操作遥控器，小黄人慢慢地向异物滑去。

李大双：切割！

秦小伟摁下按键，小黄人切割着向前滑去，异物应声落下。

李大双：异物处置完毕！回收小黄人。

秦小伟操作，小黄人慢慢向回滑来，到了李大双跟前。

李大双：（大喊）关机，回收小黄人。

秦小伟：关机，回收小黄人。

李大双收回小黄人，装入工具包，下塔。

塔下，牛武正指挥班员上塔。

秦小伟：工作结束，李大双、王磊，返回。

在牛武等人怔怔的目光中，秦小伟三人骄傲地向山下走去。

牛武大吼：看什么看！干活！

山下，张主任等看着已经结束并出了图片工作报告的秦小伟，脸上满是笑容。

（五十）

日，外，二里沟。

太阳已经西斜，牛武等人筋疲力尽地下山了，张主任刚要说话，牛武冲着班员：上车！

张主任：（笑了笑）向上级回复，工作结束！

秦小伟：牛蛮力，喝五粮液！

众人：（附和）牛蛮力，喝五粮液！喝五粮液!!

（五十一）

日，外，小白河村。

青山隐隐，河水弯弯。

一条新建的水泥路向山里延伸而去。

一尊石碑安然立于路旁。碑上有力地魏碑书写“上白河村”，下方一行小字“国家电网公司扶贫项目”。

一阵鞭炮声远远传来，锣鼓点紧密地响了起来。

宽阔平整的水泥路上，一溜儿的蹦蹦车驶向小白河新村。

小白河新村村口，喜庆的拱门搭了起来，“今天是个好日子”的歌声通过大喇叭震天地响。国家电网公司书记、周镇长、张主任等一排人站立在隆重而简单的拱门前。一旁，是喜气盈盈的村民和锣鼓队，另一旁，是张主任、秦二宝、秦小伟等人着工装站立。

蹦蹦车停在了村口。

一个声音响起：小白河新村的村民们，今天是个好日子，我们小白河新村全面建成，大家搬离了大山，我们奔向小康的美好生活将从这里再次启程。下面，有请周镇长讲话。

周镇长：（一脸喜气）小白河新村的村民们，热烈祝贺大家乔迁之喜。我代表小白河新村的村民们，对帮助支持我们的所有人表示感谢。我们的党和国家，做出了精准扶贫的伟大决策，我们省政府、县政府、乡镇，以及有关单位做了大量艰苦细致的工作，改变了我们的生活条件、居住条件，我们的生活将越变越好。在这里，我们还要感谢国家电网，修了一条扶贫的康庄大道，建设了一座扶贫的光伏电站，我们全村就是一个电站，光伏发出的电，一年将给村里增加 30 万元的收益，仅仅这一项，我们就实现了全村的同步脱贫。我们还要感谢小白河村的村民，感谢秦二宝同志，他带领大家无偿志愿让出耕地，拓宽了我们的道路，让我们的扶贫路畅通宽敞，让我们以热烈的掌声，感谢他们，感谢他们的付出和奉献！

雷鸣般的掌声响起。

周镇长：搬迁进户，现在开始！

随着声音，锣鼓大震，鞭炮噼里啪啦热烈地响起，几声大雷子的声音嗵嗵震天。

欢快的“今天是个好日子”歌曲声中，秦二宝等人热情地帮村民搬东西。村民的笑脸、孩子们欢笑的脸、秦二宝和秦小伟等人笑脸，欢乐了世界。

航拍下，美丽的乡村浮现眼前。明亮的光伏板如明珠般闪闪发光。

（五十二）

日，内，流水供电所。

会议室里，秦二宝在给大家开会，秦小伟等人在座。

秦二宝：小白河新村的日常维护，对我们来说是个新问题，在今后的维护中，我们不但要按以前的要求，巡视查看传统的线路，还要增加对光伏发电的巡视，毕竟，村民们不了解这些设备。我们在今后的学习中，必须增加这方面的知识。

电话铃响起，秦二宝接起电话，张主任的声音传来：二宝呀，小白河新村的搬迁，大部分都搬了，但只有一个人，目前还坚持不搬，周镇长刚来电话，这个人只有你能劝一劝，要不你就辛苦一趟？

秦二宝：您是说，牛冒根？

张主任：是，就是他。

秦二宝：好，我今天就出发，也是该去给他送东西了。

秦二宝：（挂了电话）张伟，你带领大家把维护光伏需要的知识梳理一下，秦小伟、刘强，收拾东西，跟我去一趟万佛山，散会。

（五十三）

日，外，流水镇。

熙熙攘攘的集市里，一家超市门口，秦二宝买了两桶油、几袋盐、十多瓶酱醋、调料、火腿肠，还有一些卫生纸，放到车上后，又转身进了一家店，少顷出来，高兴地掂了掂手里的包，满意地上车。

秦二宝：走，开车，万佛山。

刘强笑笑，开车拐出镇子，向山里走去。

（五十四）

日，外，大山。

莽莽苍苍的大山，山道蜿蜒，高高的电力铁塔在山顶威武耸立。

汽车在山道疾驰。

山道旁的一户人家门前，汽车停了下来，秦二宝等人下车。

秦二宝：刘大娘，在吗？

一条黑狗突然冲了出来，秦小伟向后退去。狗冲到秦二宝跟前，一下爬到了秦二宝的身上，兴奋地摇着尾巴，舌头就要舔秦二宝的脸。

秦二宝：（笑着扒下狗）黑毛，下来。

一个声音传了出来：黑毛都想你了，哈哈……

秦二宝：刘大娘，都好着吧。

刘大娘：能有啥不好，山里空气好，吃的又新鲜，好得很。

秦二宝：那就好。

刘大娘：你这是又要扛着“铁腿”，去山里给他们送东西了。

秦二宝：主要是检查一下电，看线路啥的都好着没。

刘大娘：你呀，以为我不知道，就这几家，用的电费还不够你油钱呢。你再搭上送的油盐酱醋，亏大发了，哈哈……

秦二宝：哈哈，您老说的。小伟，给大娘家放两瓶醋、两袋盐。

秦小伟转身拿醋和盐。

秦二宝：大娘，现在都移民搬迁，您这是要坚持到什么时候呀。山下还是方便呀。

刘大娘：不是我不搬，是一时半会儿不习惯，山下干啥都花钱，山货都在山上，我拿啥生活呀。

秦二宝：您尽管放心，山下的移民新村，我们直接装了光伏，对着太阳光就能发电，发出来的电卖给我们，一年有小一万的收入呢，饿不着你，哈哈……

刘大娘：这个我知道，其实我都决定搬了，我是在这里等儿子回来，快过年了，他打工回来后，我们就搬家，在新家里过年！

秦二宝：那好呀，到时我到你们家喝喜酒去。

刘大娘：好呀，管够。

秦二宝：大娘，和以前一样，我的车放你这里，我去山上。

刘大娘：好，没问题。黑毛，去给二宝带路，路上胡跑看我不吃了你。

黑毛冲刘大娘汪汪叫。

刘大娘：你看这没良心的，你来了他还冲我叫，哈哈哈。

秦二宝走到车旁，从车厢背起背篓，背篓里，刘强已经把油盐酱醋等放了进去。

刘强：秦队长，我来背吧。

秦二宝：也好，你试试，哈哈，你背不了几步的。

刘强：我背不了可以和小伟换。

秦二宝：好，走吧。刘大娘，我们走了。

黑毛向前窜去，秦二宝等人跟着向前走去。

（五十五）

日，外，大山。

山路弯弯，浓林蔽日。

黑毛一会儿在前一会儿在后地在山里蹿跃，秦二宝三人不紧不慢地跟在后面。

秦小伟和刘强已经气喘吁吁，不时停下休息。

秦二宝背着背篓在前面稳步前行。

看着秦二宝的背影，秦小伟的眼睛突然有些湿润。

画外音：这就是我的父亲，从 1999 年 7 月进入电力队伍，主动要求承担万佛山及周边几个村子用户的抄表收费、线路维护与日常服务工作。虽然用户只有 486 户，但全部散落在海拔 2000 多米的高山峡谷之间。仅抄表收费一项，每月步行的路程在 380 千米以上，需要近乎 15 天时间，早晚两头不见日，才能走遍山山峁峁的农家，年年月月如此，一坚守就是十八年。有人叫他背篓电工，有人叫他铁腿电工，也有人说，他绕着这几百户走的路，已经能绕地球好几圈了。

秦二宝背着背篓的身影，高大，伟岸。

秦小伟陡生力气，拉了刘强一把，向前赶去。

走出密林，一条山沟的两户人家处，三人停下脚步，有人迎了出来，热情地拉住秦二宝，说长论短。

秦二宝热络地交谈着，让秦小伟放下一桶油，几袋盐，三人又向山上走去。

一阵云飘过，天色突然变暗。

秦二宝：得赶一下紧，要下雨了。

说完，加快了脚步。秦晓伟和刘强紧紧跟了上去。

绕过一道弯，不远的山顶上，出现了两间房屋。

雨陡然落下。顿时，树上、林间被密密的雨滴遮盖。

秦二宝停了停，脱下外衣，盖在了背篓上。

秦小伟：爸!

秦二宝：你不要脱了，你年轻，没经过什么风吹雨淋的，不像我，都习惯了。跟着我，快点走，别滑着了。

说完，背了背篓，向前走去。

秦小伟、刘强默默地跟上去。

山路已经泥泞，三人深一脚浅一脚往上爬去。

刘强一个趔趄向下滑，秦小伟一把抓住，刘强稳住了身形，却带动地两人都摔倒在地。秦二宝停下身准备拉起他们，两人狼狈起身，继续跟着秦二宝向前，雨遮住了三人的视线。

秦小伟：咦？路变好了，也不滑了。

刘强：哈哈，这老牛头还真是。

秦小伟：老牛头？

刘强：上山，上去再说。

正说间，一个身影走了过来，几块麻袋随着身影递了上来。

秦二宝：牛大爷。

牛冒根：先披上，进家里再说。

秦二宝三人披了麻袋，随老人向家走去。

家里，一片狼藉。堂屋里，吊着一盏灯。黑黑的墙壁下，燃烧着地坑火，火上三根铁棍架着一口已经烧黑了的铝锅。正对门的墙边立着厨台，锅碗瓢盆乱放在案板上，木质的案板已经开裂。一把后背断了撑条的靠背椅、几个树根墩子的凳子胡乱地放着。门背后，农具胡乱地摆放着。门外的墙上，一边挂了一长串大蒜，一边挂了几串辣椒。

另一间屋里，一个大土炕上，被子胡乱地堆着，报纸糊的墙上，这里缺了一张，哪里缺了一张。一件老式的很破旧的五斗柜，上面杂乱地放着些东西。一个角落里，两个大汽油桶改装的粮食囤子，一些玉米棒子还堆放在桶上。

秦二宝：（看了看几乎无法下脚的地面，对着牛冒根）牛大爷，这段时间还好吧？

牛冒根：（不好意思地笑笑）老没人来，屋里有些乱，将就一下，将就一下。

说完，用脚将树根拨到一边，腾出了三个人可以站立的地方。

秦二宝三人摘了麻袋，牛冒根接过就要随手扔。秦二宝挡住，交给秦小伟：外面墙上有钉子，挂起来。

牛冒根：（不好意思地笑笑，用手做着动作）把湿衣服都脱了，脱了，先烤烤火。

说完，给火坑里添了几根树枝，拿起一旁的扇子扇了起来，一阵烟雾腾起，几人立即咳了起来，火慢慢地烧旺了，屋里暖和起来。

牛冒根：（看着秦小伟和刘强还穿着内衣，笑了）这两个娃娃，一屋的大男人，害啥羞，把衣服都脱了，烤好了再穿。（进到里屋，翻开柜子，拿出两件老旧的棉衣）先披上，省得感冒。

秦小伟、刘强接过衣服，一阵霉味传了过来，两人都打起了喷嚏。

牛冒根：（不好意思地笑笑）放的时间有点长，放的时间有点长，好长时间没晒了。你们俩娃也太软细了，这点味道都受不了，还是我们老骨头皮实，嘿嘿。

秦二宝：（从背篓里翻出一包东西，递给牛冒根）牛大爷，这是我给你捎的烟叶。

牛冒根笑着接过，放在一旁的桌上。

秦二宝：牛大爷，雨大路滑，看来今天要歇到你这里了。

牛冒根眼睛眯眯地笑着，点点头。

秦二宝：先烤一会儿火，把身子暖热了，衣服烤干了，我们再想着做吃的。

牛冒根笑笑。

几人烤着衣服，不再说话。一阵火烤腾起雾气。

秦二宝：小伟，去烧点水。

秦小伟：水在哪里？

刘强：我去，我还是来过几次，比小伟地方熟。

二人在门旁打了水，准备倒入火架上的锅里。

秦小伟：（看了看锅，笑了笑，取下锅）还是先洗洗。

牛冒根不好意思地笑了。

洗了锅，刘强倒水入锅，又往坑里加了几根柴火，腾起的火苗让屋里更暖和。

天渐渐黑了。

秦二宝：（起身）牛大爷，今天你就不要动了，我们来。

说完话，看了看门内外，走到外面，在不远处的地里拔了几根青菜和大葱。进到屋里，老练地揭开一个黑瓮，里面还有不少面粉。

秦二宝端了案板上的面盆，在外面打了水，洗刷案板，洗了几遍后，才用抹布擦了干净，开始和面、切菜。

牛冒根喜喜地看着秦二宝忙活，从桌上拿了秦二宝刚给的烟叶，摸索着装到烟锅里，拿了一根树枝在火坑里点燃，点着了烟锅，深深而惬意地吸了一口。

刘强有趣地看着牛冒根，并不说话。

忙碌一阵，秦二宝喊：端面！

随着“刺啦”几声，四碗热腾腾的油泼面顿时散发出诱人的香味。

秦小伟三人起身，各端了一碗面，围坐在火坑旁。

秦二宝：不好意思，牛大爷家就三个碗，我只好端盆子了。

说完，端了面盆，也围坐在火坑旁，吃了起来。

秦二宝：牛大爷，你不是有电视吗，怎么不看呢？

牛冒根：（笑笑）瞎了。

秦二宝放下面盆，走过去看看电视，不知什么时候，电视天线的插口处，线掉了出来，于是插好了天线，又查看了一下插座，打开了电视，在剧烈的雪花点中，人影慢慢出现。

秦二宝：今天先凑合看吧，明天我再看怎么调。

说完，继续端了面盆吃饭。

一阵稀里呼噜，四人吃完饭。

秦二宝：小伟，你去洗锅碗。

牛冒根要动，秦二宝：牛大爷，你就不用动了，接着抽烟。

洗了锅碗，四人围坐在火坑旁，烤着火。

牛冒根秦二宝不断地抽着烟，牛冒根絮絮叨叨地说着种了多少玉米、收了多少黄豆、辫了几辫辣椒的农事，两人热热火火地说着话。秦小伟和刘强颇有些无聊。

秦小伟：（低声）这老汉是咋回事？

刘强：（笑笑，低声道）这老汉，也是有故事的人，和人不来往，也就和你爸说说话。

秦小伟：为啥？

刘强：这老汉，是万佛山长洼村的，81 岁了，也是个孤寡老人。从小在山里，文革时期因为说错话遭遇迫害，因此也不爱说话了。原来还在下面和村里人住，后来就搬到了山上。一辈子没结婚，生活就那样了。一辈子没下过山，连公路都没见过。1998 年，咱们给各家各户安装电表，唯独他坚持不装。原因很简单，一是用不上，二是没钱交费，谁劝都没用。你爸知道后，主动上门和他交流，还承担了他的电费，算起来，光电费已经都贴了18年了。电视机还是你爸提议大家给集资捐的。你爸巡线的时候，总会用背篓给他背些生活必需品，后来也扩大到给这周边不方便的几家都背。现在，这老汉不信社会，只信你爸，不愿和人说话，只和你爸说话。

跳跃的火光中，秦小伟看了看秦二宝，秦二宝的笑容，那么亲切，墙上的影子，透着坚毅。

刘强：你知道下午我们走着走着为什么路好像好了?

秦小伟：不知道。

刘强：别看他住的这块儿山不高，可是路也很滑很泥，你爸在这也崴过脚。这老汉总觉着亏欠你爸，下了狠心要给你爸修一条路。想想看，这一截路还不短呢，三四里路有了吧。他硬是拿着铲子、锄头、钢钳、铁锤，凿石块，搬石板，开始修路了。你爸厉害，硬是给老汉送了18年的米面盐醋，这老汉也是犟，硬是要修一段不好修的路，嘿嘿。

秦小伟看了看秦二宝，眼睛有些湿润。

牛冒根：（声音突然大了一点）我不管别人家路多难走，至少走我家这段路，我要让你走得平平坦坦。下次你再来的时候，估计就全铺完了，嘿嘿。

秦二宝：牛大爷……

电视的雪花点忽然少了很多，清晰了起来。

牛冒根：（指指电视）你看，我没下过山，不过外面好得很，我知道，多亏你送给我的电视。有时不亮，我听听这刺啦声，也挺开心。

屋里没有了声音，火坑里柴火噼噼啪啪的几声响，跳跃的火苗闪烁着四人的脸庞，还有墙上变换的身影。

（五十六）

日，外，大山。

雨后的大山，青翠。

黄色的皮卡车在山道飞驰，车内，刘强开着车，秦二宝在副驾，秦小伟在后排。

电话铃响，秦二宝接起电话：张主任？

张主任：二宝，还没从山里回来呢？又住山上了？

秦二宝：是，正往回走。

张主任：来我办公室吧，好事！哈哈哈！

秦二宝：好事，什么好事？

张主任：快来吧，你们的小黄人研制成功后，公司外联部很感兴趣，就和央视的《我爱发明》栏目联系了，央视很感兴趣，准备制作一期节目，哈哈哈，快回来吧，这次呀，你们可是弄大了。

秦二宝：好，我们这就回来。

（五十七）

日，外，流水供电所。

车棚内，车辆已经挪了开去，秦二宝等人在听着两个记者模样的人讲话。

记者甲架了三脚架拍摄。

记者乙：（手持话筒）当时你们是怎么想的？

秦小伟：我们的工作，基本都是在大山深处，碰到导线上挂了风筝、塑料等异物的时候，处理起来很艰难，我们就寻思，想个办法解决这些问题，既能以最快的速度处理问题，又能最大限度地保证人身安全。毕竟爬山的过程有危险，登高作业也有危险。

记者乙：你们爬山会有危险？

张伟：（插嘴）我们这里可是秦岭大山，在偏僻的大山里，巡线会遇到野猪、蛇、马蜂的，嘿嘿。

记者乙：（笑）这么刺激？

张伟：遇到它们，你就会受到刺激。刺激大了去了，嘿嘿。

王磊：张伟就受过马蜂的刺激。（说完，拿出手机）你看，我这里还有当时他头被蜇得跟斗一样的照片。

记者乙向照片看去，记者甲的镜头跟了过去。

记者乙：我们能到山里拍一组镜头吗？

秦二宝：能！咱们拍处理异物镜头的时候，就在山里。那里有一段不太高的线路，有几档线最近刚退出运行，不带电，很方便随时拍摄。

记者乙：（面对秦小伟）你是怎么看待发明小黄人这个起因的。

秦小伟：是我爸，嗷，是秦队长提出……

记者乙：秦队长是你爸？

秦小伟看看秦二宝。

王磊：他们是父子，哈哈哈，秦队长是我们这里远近闻名的劳模。

记者乙：太好了，这真是上阵父子兵，创新发明的父子兵，哈哈，下一组镜头，我们拍摄现场镜头。

（五十八）

日，外，二里沟。

秋日的二里沟，色彩斑斓。

秦二宝全副装备，手拿砍山刀在前开路，秦小伟等人也全副装备和记者们在后跟随，秦小伟肩上扛着三脚架，刘强提着摄像机。

秦二宝气色如常，记者等人已经气喘吁吁。

记者甲：上个山这么累。

刘强：你们爬得少，你看秦队长，跟没事人一样。

记者乙：真是呀，你们平时都这样？

刘强：对，山里巡线，可不就这样。

记者甲：来，你们走，我拍一段，这镜头太不容易了。

拍完一组镜头，几人再次向前。

少顷，隐没在树林后铁塔上，出现了张伟的身影，沿着铁塔向上爬去。

一会儿，小黄人在导线上运动起来。随着小黄人的运动，悬挂好的风筝应声落下。

张伟重新过去，在导线上缠上了塑料布。

小黄人再次运动起来，随着运动，塑料布应声落下。

张伟又过去，在导线上缠上一条麻袋布。

小黄人再次运动，在刺刺拉拉的切割声中，麻袋布一点点掉了下来。

电话铃响，传来秦二宝的声音：张主任，您说。好，我们忙完了这里，就过去。

树林里，传来刘强的声音：队长，咋了？

秦二宝：好事，哈哈，张主任说，我们电力光伏扶贫的事情，外联部和电视台沟通后，陕西电视台和央视都很感兴趣，要来采访咱们。

秦二宝话音刚落，众人呱唧呱唧的掌声和喊好声传了出来。

色彩斑斓的秦岭大山，在这掌声和叫好声中更加美丽，高高的电力铁塔，巍然耸立在秦岭之巅，伸向远方。

（五十九）

日，外，小白河新村。

整齐划一的小白河新村，掩映在美丽的秦岭山脚。

村内，两组记者在忙忙碌碌地取景、采访。

一组记者的台标写着陕西电视台，一组的台标写着中央电视台。

一家农户门前，几人围在一起，秦二宝和村民在介绍情况。

村民甲：今天这阵势大，中央台、陕西台都来拍了。

村民乙：就是，头一回见这阵势，二宝跟前这两个，也都牛得很，一个是人民日报的记者，一个是新华社的记者。

村民甲：应该好好宣传，搬到了新村，比我们在山里好多了，收入也比以前好多了。

村民乙：就是，金山银山，好政策他们做得好，才是我们的金山银山和靠山。

（六十）

日，内，流水供电所。

会议室里，秦二宝在给大家开会。

秦二宝：这一年来，我们大家做了大量艰苦细致的工作，取得了很多的成绩，需要我们好好总结。临近春节，我们最重要的一件事，就是做好春节保供电的事情。我们今年的难点在于，小白河新村是新建的村子，新村的负荷会在春节时全面接受考验。小白河新村很多在外打工的人会在春节的时候回来，家用电器也会大幅增加和使用，这种突然的极端增加负荷，对我们的保电工作提出了新的要求，希望大家重视。刘强，你梳理一下，每年春节的时候，我们都要在线路巡视中慰问孤寡老人，今年搬迁后，还有几户？我们去给老人们置办一点年货。

刘强：已经梳理过了，目前就差两户，一户是刘大娘家，另一户是牛冒根大爷家。

电话响起，秦二宝看了看手机，接起电话。

电话里传来声音：二宝啊，我要搬家了，准备请你喝酒。

秦二宝：好呀，我肯定来，刚还说起您呢，准备去看您和牛大爷。

刘大娘：我你就不用看了，我孩子打工回来了，新家也收拾好了，明天就搬到山下，今天住最后一天。

秦二宝：好，我明天就给您祝贺乔迁之喜。

刘大娘：二宝，今后呢，这山里你就不用跑了，牛冒根已经走了，没人了。

秦二宝：走了，走哪里了？

刘大娘：走了，埋了。前几天走的，黑毛发现的，我赶紧叫了他侄子和村委会的去看了，人安安静静地走了。

秦二宝：埋在哪里了？

刘大娘：就在他旁边的地里。

秦二宝：好，刘大娘，我明天给您祝贺去。

秦二宝：（挂了电话）春节保供电的难点大家已经知道了，多思考，做好准备。刘大娘明天就搬下山，今年的慰问孤寡老人就不进山了，牛冒根老人已经走了。散会。

众人离开。

秦二宝：刘强，秦小伟，你们两个留一下。

秦二宝：（看着其他人离开）小伟，你一会儿去买点香蜡纸表，咱们去给牛大爷烧点纸钱，这么多年啊……也看看刘大娘，人搬走了，提醒一下，该断掉的电源一定要断掉。

（六十一）

日，外，万佛洞。

冬日的秦岭，白雪皑皑，银装素裹。

皮卡车稳稳地行驶在大山之间。

刘大娘家门前，车停了下来，秦二宝三人下车。

黑毛“噌”地窜了出来，扑上来和秦二宝亲热。

刘大娘笑盈盈地出了屋：二宝，这才打完电话，你咋就来了。

秦二宝：大娘，我来给牛大爷烧点纸钱，这么多年，他的朋友不多。也想过来再看看你老屋的线路，你们搬走了，该断的电源也最好断了。

刘大娘：（抹泪）说的也是，牛冒根一辈子差不多也就和你一个人说话，你去和他说说话也好。差点忘了，他给你修的路，还真给修完了，你们从这里拐上去的时候，就能看到，平平整整的。

秦二宝无语。

刘大娘：黑毛，带路去。

黑毛向前跑去，秦二宝三人跟在后面。

刘大娘：（抹泪）老牛头啊，你是积的哪门子德，碰上二宝这么好的人，一山里就他看你。二宝啊，你也是值了，能让一个人花几年时间，给你看他专门修条路。

黑毛懂人性地停下。秦二宝三人也停了下来。

眼前，一条不宽但平平整整的石子石块小路伸向山顶，路上，显然是被众多脚印踩过，路旁的积雪依然在。

秦二宝深深地吐了一口气，抬脚，坚定地向山上走去。

山顶，牛冒根的土屋已经盖上厚厚的积雪，了无生气。

秦二宝看向一旁，50 多米外，一座积雪的隆包突起，于是向隆包走去。

周围一片寂静，秦二宝踏雪的咯吱声让周围更显寂静。

秦二宝走到隆包，拨去墓碑上的积雪，墓碑上，一行草草的字“牛冒根之墓”。秦二宝用脚拨开墓堂前的积雪，说完，点着了香、蜡，插在坟前，烧化了纸钱。

秦二宝：（看着飘飞的纸灰，抽出三根烟，点着，插在了墓前）牛大爷，看您看得有点晚了，您再抽口好烟吧，您修的路，我已经走了，很平整，走着可美了，您放心，我还会来看您的。

墓地一片寂静，一阵风刮来，唯有清冷和寂静。

一条路在平静中缓缓的通向山下。

（六十二）

傍晚，外，小白河新村。

莽莽苍苍的秦岭大山，白雪覆盖。

傍晚的小白河新村在秦岭大山浓缩成了一片剪影。

村内，家家户户的对联已经贴好，一阵鞭炮声从村里想起，喜气洋洋的孩子喧闹声随着鞭炮声响了起来。一阵“今天是个好日子”的音乐不知从谁家传出。

村外50多米处，雪地里一个很小的建筑显露出来，门楣上几个小字“小白河新村变压器房”，外墙上几个红色大字“有电危险 严禁进入”。

清冷的风吹过，村子里的热闹似乎和这里没有了关系。

一个声音从门内传了出来：队长，今天的供电应该没有问题！

另一个声音响起：叫爸！

秦小伟：爸。

秦二宝：这是新村，按规划肯定是没问题，但毕竟是第一次遇到这么大的负荷，你看村民们脱贫后的高兴劲，大电视、空调、电热器，可劲地买，这种劲头，规划也没法预计呀。保证大家看上春节晚会，这是我们的硬任务。

秦小伟：咱们家也好多年没一起过过三十了。

秦二宝：(讪笑）你妈理解，习惯了。

秦小伟：你说村子里的人知道我们在这吗？

秦二宝：不知道就是好事，如果知道了，那就成问题了。

电话铃声响起，秦二宝接起电话，电话里传来秦小伟母亲的声音：秦二宝，你们在哪里，你值班，还把我儿子也拐跑了。

秦二宝：（嘿嘿笑）我们呀，在灯泡里，在电视里，哈哈哈，在电的屁股后面跟着呢。

秦母：哎，老秦，还真让你说着了，电视新闻里，正播呢，小白河新村上电视了，我看到你和孩子了，你比孩子难看多了，哈哈哈。不跟你说了，我看电视。

秦二宝：你妈说，我在电视里比你难看多了，你说，这是夸你呢，还是说我呢。

秦小伟笑了。

秦二宝：（突然郑重起来）小伟，你还怨爸不？

秦小伟无语。

秦二宝：爸知道，你是名牌学校的电专业研究生毕业，通过招聘考试也很不容易，能留在西安的，但我就想让你回来。

秦小伟无语。学校的美好生活、应聘成功的喜悦、巡线、遭遇野猪、蛇、马蜂，和父亲的种种冲突浮现在眼前，秦小伟的眼睛有些模糊。

秦二宝：我是单位的劳模，我，甚至我们这一代的劳模，靠的是铁腿、靠体力的硬功夫，靠的是为人民服务的一片真心。我们老了，尽管精神还在，但知识显然已经跟不上时代的发展。我希望你能传承这种精神，要坚守在一线岗位里，靠科学而不是靠体力取得成绩。

秦小伟无语。无人机巡线、小黄人、光伏等场景再次浮现。

秦二宝：习总书记当了 7 年知青，在农村干了 7 年。我们现在比以前好多了，没有那么艰苦了。你再看看我们的大山，看看我们的村子和新村，看看从村子流过的小河，每一天，都是那么美。习总书记说，绿水青山，就是金山银山，我们每天都在绿水青山中，也必须通过自己的双手，让这绿水青山更美。

秦小伟无语。美丽的大秦岭，美丽的山村浮现眼前。

秦二宝：我们很有幸，从事了电力这份工作，点亮光明，照亮别人，其实，我们何尝不是也在照亮自己。每个人，心里都有一盏灯，点亮自己的灯，才能更好地照亮别人，才活得有意义，有价值。

秦小伟的眼神坚定起来，秦二宝拿着砍山刀的镜头、背着背篓的镜头、一步步向山上走去的镜头、牛冒根破陋的小屋、那条平平整整的小路浮现眼前。

秦小伟：(坚定地）爸!

门外，远远传来阵阵噼里啪啦的鞭炮声。

炮声中，航拍中，小小的变压器房显得那么渺小，渐渐隐没在天地之中。

远处，城市的点点光亮在夜空中闪烁，大秦岭之巅，高高耸立的铁塔，巍巍的向前、向前。

结尾：

周红亮、宁启水、李峰涛、赵二宝、邓大文、张思德电力服务队等国网公司劳模群体形象一一在镜头展现。

国网公司特高压建设、服务陕西“追赶超越”优质服务镜头一一展现。

在雄壮豪迈的音乐声中，一个声音响起：服务党和国家工作大局，服务社会经济发展，我们永远以人民为中心，用优质服务，架起党和人民的连心桥!

定格。音乐声中，字幕一一出现。

生　日　礼　物

周红英

人物：李军，安康水电厂机械大师创新工作室负责人。

小宋，李军妻子。

李恺，李军儿子。

小王，李军同事。

地点：李军家中。

李军坐在电脑桌前，桌上堆满书籍资料和摊开的图纸，他时而看图沉思，时而飞快地敲击键盘，移动鼠标。

小宋：(拎着大包小包，哼着生日歌开门进屋。跟李军打招呼）老公，我回来了。

李军：(仍在电脑前没起身）哦，回来了。

小宋：（把东西放沙发上，兴奋地）今天商场做活动，我买了好几条裙子，超级实惠！快来看看怎么样？

李军：(盯着电脑屏幕，心不在焉地）行，行……

小宋：（拿出裙子在穿衣镜前婀娜地摆动腰肢）老公，这条裙子咋样？好看吗？

李军：(抬头瞅了一眼）嗯，老婆大人穿啥都好看。

小宋：(乐滋滋地换了条裙子）这一条呢？

李军：(敷衍道）嗯，也好看。

小宋：（又取出一件 T 恤）老公，我给你也买了衣服，快来试试！整天工作服、工作服，远看像修空调的，近看像挖煤的，出门别说你认识我啊。

李军盯着电脑目不转睛……

小宋：（没听到回答，转过身）这还生气了哈！（走到李军身边，拉他起来试衣服。）

李军：（不情愿地）一会儿试，一会儿试。

小宋：试个衣服能花你几分钟？给你买件衣服我跑了好几个小时，脚都走疼了，你还这态度……

李军：好老婆、乖老婆，我不正忙吗？现在可到了关键时刻，不能分神，谢谢、谢谢！（把小宋从身边推开）

小宋：你呀，最适合娶电脑做老婆！（无奈地把衣服装起来，做饭去了）

李军：（继续在电脑前忙碌，忽然间一拍大腿）就是它，可算把这个难题解决了！（激动地在屋里走来走去，想起什么，走到桌前给同事小王打电话）我找到了一个好东西，它叫中空液压千斤顶，有了它，咱们的设备解列和拔出力不均匀的问题可全都解决了。

小王：真的吗？太好了！这一年的功夫，咱算没有白费！

李军：我先画几张草图，明天咱们创新工作室的成员再一起好好商量商量。

小宋从一旁端菜上来，看到李军神采飞扬地打电话，会心地笑了……

李军在桌前画图纸。画了几张不满意，揉成一团扔到垃圾桶，翻资料接着画。

小宋：（菜上齐了，环顾屋子找了一圈，问）老公，我的蛋糕呢？（没听到应答，走到李军跟前推了推他的肩膀，大声问）老公，我的蛋糕呢？

李军：（猛然惊醒，站起身来）哎呀，我咋……我咋给忘了呢？你瞧我这猪脑子！

小宋：（不信）昨天你答应得好好的，该不会给我保留着惊喜吧？

李军：（拍拍脑袋愧疚地）对不起，我真忘了……

小宋：（生气）你……你还记得啥？心里整天都是工作、工作，回到家除了书就是电脑……

李军：别生气、别生气，蛋糕马上就来。（快速起身，跑到厨房）

小宋：（不高兴）你再忙，我的生日可是一年一次。你心里到底有没有我？

不一会儿，李军拿着托盘进来。圆形手撕面包上，绿色的猕猴桃、红色火龙果、橙色小橘瓣摆成花的形状。香蕉做成的底座上插着小蜡烛。

李军：私人定制水果蛋糕，美容养颜，特别的爱给特别的你。这个生日礼物怎么样？满意吧！

小宋：不满意！每次礼物都是我要你才给，完全没诚意。

响起了敲门声。李军打开门，小王拿着证书走了进来。

李军：（一拍小王肩膀）还说明天到班组了再商量，你这性子比我还急。

小宋招呼小王一起吃饭。

小王：（看了一眼饭桌）嘿呀，红烧带鱼、核桃木耳、芝麻菠菜……嫂子好手艺！给我李哥做的都是健脑益智的菜呀。

小宋：唉，你李哥一天尽鼓捣些没用的东西，你看这头发白的。

小王：嫂子可不能这样说，李哥可是我们的大救星。用了李哥设计制作的自定心液压分瓣键拔出专用工具，安全性能大提高，工具再不会在使用过程中散架弹出伤人了，以前4个人干三四天的工作量，现在2个人1天就搞定了，轻松多啦！

李军：（谦虚道）咱们是互相激励，三个臭皮匠顶个诸葛亮嘛。

小宋：（笑道）你少替他吹牛。

小王：咋能是吹牛！咱厂机械大师创新工作室在李哥的带动下，今年获得了7项国家实用专利。这陕西省能工巧匠可不是盖的！

李军：陕西省能工巧匠?!

小王：（忽然想起什么）哎呀，我乍一看好吃的，就把正事儿给忘啦！（站起身来，拿起奖状，郑重宣读）李军同志，被评为2016年度陕西省能工巧匠！陕西省总工会。（坐下来，将证书递给李军）李哥，你可给咱们一线的哥们儿，长了脸、争了光。咱今儿好好喝几杯！

李军：（拿起证书合不拢嘴，看了又看，双手把证书递给小宋）老婆，你辛苦啦！这份证书来得正是时候，我想把它送给你做生日礼物。

小宋：（摇头）这是你的证书，和我啥关系。

小王：（插话）嫂子，这军功章至少有你的一半。

李军：（开始解释）家里的事确实苦了你啦！但每次看到同事们疲惫不堪的样子，我就在想，能不能有更好的工具，既确保大家的安全，又能提高工作效率。

小宋：那你也不能总是缺席呀！（开始诉苦）家长会每次都是我参加，装修房子我是主力，亲戚聚会我当代表，就连假期旅游都是俺娘俩自己去……

李军一边说着对不起，一边发筷子。

李恺：女神大人，生日快乐！（李恺背着书包，一进门给妈妈献上一枝玫瑰花）

小宋：回来了，快吃饭！吃饭！

李恺：（看了看饭桌）这生日蛋糕可真不错，是我爸给你订做的吧！太有特色啦，让我拍张照片先。

小宋：你爸今天把我生日都忘了，问他要蛋糕，才跑到厨房做了一个。

李恺：老爸，你的随机应变我给满分！（用夸张的手势给李军点赞）

小宋：就知道给你爸点赞，一年一次的生日都忘了，你爸他就是心里没我。

李恺：老爸，你真“棒”！（忽然想起什么，从书包取出奖状和作文本）妈，你别生气，我有好消息要宣布！我的作文拿奖啦！（把奖状递给小宋，拿起作文本绘声绘色地念了起来）我的爸爸陪伴我不多，可是他却让我看到了《老人与海》的精神。面对别人的非议，老人坚持自己，84 天没有钓到鱼，老人依然相信自己会钓到最大的鱼。爸爸只是个技校生，可是他敢于解决许多人不能解决的问题。爸爸已经 46 岁了，为了更好地用创新解决生产中的问题，他主动到环境更差、更劳累辛苦的班组学习。一项工具创新耗费了整整两年时间，可是爸爸从没有放弃，硬是拿到了国家专利。

夫妻俩和小王微笑着听儿子读作文。

小宋：(笑道）你小子，把你爸都写成一朵花了！

儿子：（转过身）我爸的成就还不是全靠母亲大人的支持呀！妈，我的奖状做你的生日礼物，你满意不?

小宋：（幸福地笑了）满意、满意！你们俩的生日礼物我都满意！快来点蜡烛，吃蛋糕！

《生日快乐》歌中退场。

最美设计人生

南美丹

旁白：50 载人生岁月，29 年电力奉献，范晓林同志见证了西安电力设计院的发展历程，为西安电网建设奉献的点点滴滴汇聚成他自己的“最美设计人生”。

(一)

火热的六月，艳阳高照，酷暑难耐。

盛夏里的一天，一支身穿国家电网工作服、戴着安全帽的队伍，穿梭在西安北郊港务区变电站。瞧这位皮肤黝黑、身板笔直、有着一双笑眯眯眼睛的就是范晓林同志。“把全部时光奉献给电力事业”是对他最简单、最真实的写照。

“范主任，又来工地啦！这天气热得人实在难受，你还大老远跑来现场，有什么事儿咱电话里沟通也方便嘛！”施工方的刘师傅满头大汗、气喘吁吁地说道。

此时范晓林急忙从车里拿出图纸，说：“老刘，我回去把图纸跟现场拍摄的图片仔细分析了一下，我觉得在这个地方，我们还需要增加一个保护装置。走！我们现在就进去看看。”老刘一脸茫然地被范晓林拉进了现场。

时间过去了十五分钟……（工人们围着范晓林，听他讲修改的

设计图纸)

“好了，那就麻烦刘师傅了。”说着范晓林呵呵地笑起来了，“那我就先回单位了，有啥事你随时打我手机。”说罢就往外走。

“范主任，等等，喝口水再走吧?”刘师傅急忙端出一杯水来。

“不了，不了，我回去还得看看其他的图纸，最近工期紧，你就快忙你的，回头咱们聚聚也成。”说完挥挥手上车了。

(二)

夜幕降临，范晓林在办公室加班设计图纸。

办公室的门轻轻推开了，范晓林的爱人手提一袋子轻手轻脚地走到他的办公桌旁。

正在画图的范晓林抬头看见妻子已经站在自己面前，说：“你……你来也不打个电话，是不是家里有啥事儿?”范晓表情疑惑地问道。

“你早上出门走得急，忘带药了，我也不知道你晚上回不回家，所以就给你送过来了。”“对了，这是咱妈给你做的布鞋，说是你晚上加班的时候就穿上，白天工地单位来回跑，累了穿这个舒服。我上周回家，妈就让我带回来了。本来她老人家还想亲眼看看你穿上合不合脚?”妻子边说边从袋子里掏出鞋。

“我……等忙完这个工程，我跟你一块回去看看妈，都快八十岁的人了，眼睛不好，还做这个，我这心里……这段时间，家里的事儿让你费心了。”范晓林拉着妻子的手说道。眼泪在眼眶里打转，他怕妻子看到，急忙弯下身，换上布鞋。

“妈的手真巧，这鞋真舒服……”此时他又呵呵地笑了起来。

“老范，后天女儿就要高考了，你有时间了给她打个电话，陪她聊聊。”妻子看着范晓林认真地说。

“嗯，我知道了，我明天给她打电话，你快早点回去休息吧，我晚上还得把这张图纸画好，明天一早就要出图呢。”范晓林拍了拍妻子的肩膀说道。

“那我回去了，你记得按时吃药。”说罢妻子轻轻地带上门走了。

镜头转向正在工作的范晓林。

（三）

在办公室里。

一阵电话铃声，打断了范晓林的思考。

院长打来电话说道：“老范，有个急事，韩国三星电子落户西安高新区，这是政府今年的头号工程，西安局负责三星项目供电，我们负责三星 110 千伏送变电工程的设计工作，院里决定从各专业抽出精兵强将组成 6 人设计团队，由你带队这段时间吃住在高新区，保质保量完成初设任务。”

“嗯，好的，我准备一下马上出发。”说完他急忙收拾文件。叫来专责交代好一切工作。

（四）

高新区管委会会议室。

六人小组正与韩国三星负责人进行交谈。画面显示钟表，时间已到晚上十点钟。会议结束了。

这时土建负责人刘娜说：“范主任，明天高考呢，你晚上不回去看看女儿，给她打打气？”

“呀！我这一忙起来给忘了。”范晓林低头看看手表，“哟！这都十点了，这会儿她估计都睡了……”

他翻开手机，给女儿发了条信息：“妍妍，原谅爸爸在你最重要的日子，最需要家人的时候不能陪你一起，可爸爸知道你是一个坚强的女孩，好好考试，加油，宝贝。爸爸妈妈与你同在！”看着窗外的月亮，他的思绪又不知道跑到哪儿去了……

（五）

1个月后，在家里。

“叮咚……叮咚……”

范晓林的爱人去开门，“请问，范妍，在家吗？这有她的录取通知书。”门外的师傅说道。

“谁呀？谁找我？录取通知书？让我看看！”范妍说着便飞快地跑过去从师傅手里拿过录取通知书。

一家人的目光注视着女儿的脸。“爸爸妈妈，我被西安交通大学电气工程自动化专业录取啦！”范妍开心地说道。

这时，范晓林从房间拖着沉重的步伐缓缓走了出来，“妍妍，你真棒！你是爸的骄傲……”说着范晓林便咳嗽起来，“咳咳……”

“爸爸，你快躺着……爸爸，我能考上这个专业太开心了，我一直都想着将来毕业能跟你一样从事电气设计工作，现在我终于可以实现自己的梦想啦。哈哈……”范妍边说边扶范晓林躺下。此时，一家三口紧紧抱成一团。

“叮叮叮……”范晓林的电话响了，他急忙接了电话：“喂，院长！”“老范，老毛病怎么样啦，本来院里想让你多休息两天，可三星工程局里面催得紧，设计小组没有你不行啊，你看要不你打电话跟其他几位队员先沟通一下?”领导在电话那头焦急地说道。

“院长,我已经休息得差不多了,我现在就回单位。”范晓林急忙挂了电话准备下床。

“妍妍,真对不起,爸爸暂时不能分享你的喜悦了,等爸爸忙完这阵,好好给你庆祝庆祝。”范晓林站起来拍着女儿的肩膀说道。

“没事儿,爸爸,你快去吧,单位现在比妈妈跟我更需要你。”女儿看着范晓林认真地说道。

“咱家宝贝都这么说了,你就快去吧,别忘了按时吃药,我们等你回来!”妻子说道。

“哐当……”范晓林出门了。客厅里母女俩紧紧抱在一起,“妈妈,你说我将来要是跟爸爸一样,也将自己的青春献给电力事业,你会不会以我为豪?”女儿若有所思地问。

“会的,一定会的。咱们这个家有两件事让我很欣慰,一个就是妈妈找到了你爸爸这样一个有事业心的汉子,一个就是生了你这样一个乖巧懂事,跟爸爸有一样追求的女儿。”说着母女俩便咯咯咯地笑了起来。

镜头转向夜幕下的灯塔。

旁白:像范晓林这样的同志,在我们电力系统还有很多很多,他们无私奉献,默默地点亮我们的城市,时间都去哪儿了?他们用最美的人生谱写着电力之歌,每个跳动的音符都是他们的累累硕果。

完。

回来吧 妈妈

安力达

场景：室内，中间一张长沙发，沙发上搭着衣服裤子，地上摆着一些乱七八糟的东西，沙发一侧放着一张方桌，一把椅子。

人物：中年父亲，变电操作队队长。

上初中的儿子。

父亲：（满脸怒气的样子，边走边对自己说）我不打他，我今天说啥也不打他，我就是打我亲爹，也不打我娃一下。（敲门）小强，开门！（再敲门）小强！开门！（对观众）看，又不知道疯到哪去咧，都晚上 9 点半了还不回家。唉！碰上个这娃，可让我咋办呢嘛？这不是，刚才娃学校的班主任给我打了个电话，说娃两天没上学咧，问我，娃到哪儿去了？问我呢，我倒问人家谁去吗？（掏钥匙开门，进门就被东西绊了一下，见屋里乱七八糟顿时大怒）你看，你看，这也叫个家？这桌子上是瓶子罐子，沙发上是裤子袜子，地上是盒子箱子，这是个啥家嘛？（回头对观众）最近咱供电局正轰轰烈烈开展“争当省公司排头兵”活动，全局职工，谁不是起早贪黑加班加点，谁不是舍小家顾大家，可人家谁家不是安安生生的，谁家的娃不是好好地上学，好好地放学？唯独咱这个娃，唉……咱娃，娃是这个样子，老婆，老婆又嫌我光顾工作不顾家，一生气一跺脚，回了娘家，把这一摊子给我撇下，真把人熬煎死了。

儿子上场，他歪戴着帽子，衣服掉了几个口子，书包搭在肩上，一边走，一边唱着流行歌曲，见房门大开，作警惕状，自言自语，好你个贼娃子，敢偷到我家里来了。悄悄推开门，见一个人正弯着腰低着头干着什么，便抽出插在背上书包里的金箍棒一棍子打下去。

父亲：（被打得跌倒在椅子上）你小子敢打你爸。

儿子：（丢下棍子作揖）小子有眼不识泰山，老大饶命！

父亲：（拾起金箍棒指着儿子）你看你都成了啥样子了？

儿子：我样子怎么啦？

父亲：还，还，怎么啦？你看看你这副鬼样子，帽子歪歪戴下，衣服扣子五个掉了仨，鞋带也不系一下。

儿子：（退到沙发边上，顺势坐到上面，跷起二郎腿，打断父亲的话）这就叫作“酷”，你不懂。

父亲：（举起棍子要打，却又强忍住）好……好……好，你酷，你酷，你这样下去咋得了！

儿子：有什么不得了的，大不了当个电工，没准跟你一样，早晚也来他个队长、站长什么的当当。

父亲：娃，你知道你姓啥叫啥不？

儿子：（站起来学宋丹丹）俺叫魏淑芬，女，29 岁，至今未婚。

父亲：坐下！你以为供电局的电工就那么好当？在供电局当个电工，不但得能爬高上梯，能吃苦，还得掌握现代化科学知识，得有本事。

儿子：（从沙发上一跃而起）不就是本事吗？我有，不是跟你吹，琴棋书画，我样样皆能，刀枪剑戟，我样样精通（做戏剧动作）。尤其是流行歌曲，我唱得最拿手。（唱）亲爱的你慢慢飞，小心前面带刺的玫瑰，亲爱的……

父亲：你这都是啥歌嘛？什么亲爱的，你懂得什么爱呀恨的？像你们这么大的男娃应该唱那些雄赳赳、气昂昂的歌。

儿子：那你给我唱一个嘛，也让我开开眼呀！

父亲：你还别挖苦我，今儿个我就让你开开眼，也叫你知道啥叫歌儿。（唱秦腔）手提红灯……

儿子：（打断）宁听狗咬仗，不听秦腔唱。我听的是歌。

父亲：（挠头）就是，咋唱了个秦腔。逗俺娃耍呢，你当我真不会唱呢。（试着找调）

父亲：（唱）骏马奔驰在辽阔的草原，钢枪紧握，战刀亮闪闪，祖国的山山水水连着我的心……

儿子：（打断父亲的歌）你那颗心就知道祖国的山山水水，能不能多少也想想我？

父亲：我咋没想你，不想你我回来干啥呢？唉！对了，我正想问你呢，最近你在学校咋样？

儿子：好着呢。

父亲：好着呢？好着呢老师咋给我打电话，说你最近在学校表现极坏，不但逃学，还向同学借钱。

儿子：（满不在乎）那有啥，不就是少上了两天学，借了几个钱嘛，有什么大惊小怪的。

父亲：（勃然大怒）刮大风吃炒面，你咋张得了这口呢？逃学借钱，你知道这是什么性质的问题？长此下去，你就会一步一步走向深渊，一步一步走向犯罪！

儿子：（捂住耳朵）不听不听，老头念经！

父亲：(抄起棍子）你今天听也得听，不听也得听！

儿子：我就是不听！

父亲：我今天就不信你个猫不吃糨子！（举棍就打，儿子绕着沙发跑）

儿子：(边跑边顶嘴）猫本来就不吃糨子，吃鱼！

父亲：(追着打）我叫你吃鱼，我叫你吃鱼！

儿子：(逃着逃着，突然跪在地上，朝前伸出双手大哭）妈妈，你快回来吧！爸爸要打死我，我活不了了呀，救救你可怜的儿子吧！

父亲：你！(音乐响起来)

儿子：（悲伤地继续说）妈妈呀！自从你走后，爸爸回家更少了，我一个人待在空荡荡的家里，又冷又怕，我就整天盼望爸爸回来，盼呀，盼呀，好不容易把他盼回来，他却对我不是骂就是打。妈妈，你快回来呀！我受不了了呀！我都不想活了，你回来救救我吧！妈……

父亲：（手里的棍子掉在地上）小强，别说了，你这样说我心里难受！

儿子：（呼地站起来问）我只不过说说，你就心里难受了，你这样对我，这样对妈妈，你知道我们心里有多难受？你知道每到春节，听着别人家里合家欢乐，咱家却只有我和妈妈守在一起，我们心里有多难受？你知道每逢八月十五中秋节，别人家团聚吃月饼，妈妈却看看月亮流眼泪，她心里有多难受吗？那年冬天一个深夜，我发高烧，妈妈一个人抱着我去医院，路上滑倒在泥坑里，一身的泥，一身的水，妈妈哭着喊你的名字骂你，你知道她心里有多难受吗？

父亲：别说了，别说了，娃呀，千错万错都是你爸我的错，爸对不起你妈，对不起你呀，可是，你知道你爸也有你爸的难处呀！

儿子：你有什么难处？

父亲：咱们西安市城区全靠着几十座无人值守变电站供电，而这些变电站的停送电，维护又全靠我们操作队，你爸是一队之长，工作千头万绪，重在安全，丝毫马虎不得，稍有疏忽，人命关天呀！尤其是最近，全局都在开展争当排头兵活动，就连局领导都经常牺牲休息时间到队里来看望我们鼓励我们，工区领导更是经常住在队里现场办公，解决问题。娃呀，你想想，那种时候，我咋能抽得出时间，分得开身，顾得上回家呀？

儿子：可你也不能把我们给忘了呀，我们可是你的亲人呐。

父亲：娃呀，我一分一秒也没有忘记过你，一时一刻也没有忘记过你妈。（掏出照片）你看，我把你和你妈的相片贴肉藏在身上。节假日里我人虽然不在你们身边，可我的心和你们连在一起，我常常把你们的相片拿出来仔仔细细地看，跟相片里的你们说，说那些没有时间说，却怎么也说不完的话呀！

儿子：（深受感动）这些话你为什么不早对妈妈说呢？你要是早对妈妈说了，她会理解你的，妈妈就不会走了，咱们的家也不会这样了。

父亲：这都怪我，都怪我呀！（双手捂脸，颓然跌坐在椅子上）

儿子：怪我惹你伤心了，其实我不是故意逃学，前天我发烧了，没人给我写假条，我又没有钱去医院，就向同学借了钱去看病，同学的妈妈看我可怜，就让我在他家住了两天。

父亲：（一把把儿子搂在怀里）爸爸对不起你，让你受苦了！

儿子：没关系，爸爸是为了工作嘛。以后爸爸还是像以前一样把心全都放在工作上吧，别为我分心，我能照顾自己，也会好好学习的，你看，期中考试，数学我得了92分。

父亲：(狂喜，转着圈地大喊）我娃得了92分！邻居们都听着，我娃也得了92分！俺娃心疼得很，你真是爸懂事的好娃。对！就这样干，从今以后咱们俩个人一定要团结起来，共同进步！

儿子：不，是三个人。

父亲：三个人？

儿子：是三个人，我想有个家，一个完整的家，一个有爸爸，有妈妈，还有我的家。

父亲：可是，我把你妈气走了。

儿子：(唱）回来吧，回来吧，我亲爱的妈妈。

父亲：(唱）回来吧，回来吧，我亲爱的老婆！

儿子：（突然做倾听状）你听，楼梯上有脚步声，是妈妈回来了！(拽着父亲往侧台走)

父亲：(边走边说）哪有这么巧的事吗？别拽别拽嘛。(下)

全剧完。

宽滩村的笑声

张　伟

时间：冬季

人物：村支书（简称“村”）。

黑子，30岁左右。

狗爷，60岁以上。

二栓，27岁。

二栓妈，50岁以上。

秀秀，30岁左右。

梨花，40岁以上。

甲乙丙丁等若干群众（不同年龄层次均有）。

音乐起。

启幕：儿歌声——

麻油灯，拧绳绳，油灯碗，一点点；

宽滩村，一巴掌宽……

所有人背身站立，儿歌声音落，村长转身。

村：麻油灯，拧绳绳，油灯碗，一点点；

众：麻油灯，拧绳绳，油灯碗，一点点；

村：宽滩村，一巴掌宽。

众：（笑，各种姿势）一巴掌宽……

村：我们宽滩村地处宝鸡西部山区，在西山的最——最最里头哩，没有路咧，娘娘，远得很。

众：（表情夸张）远得很……

村：（不好意思地笑）嘿嘿嘿，我们宽滩村的人，早上公鸡叫鸣起床，黑了日落西山就脱鞋上炕……

众：（嘿嘿）睡觉……

村：我是宽滩村的党支部书记，叫（个）明亮。我们村 4 个村民小组 46 户 390 口人……

众：就是的。

黑子：明亮叔，咱村只有二百口多人。

村：娘娘！我把牛羊猪鸡也算上咧。

众：（众人掩口笑）嘿嘿嘿……

村：我们宽滩村的人，祖祖辈辈都是生在这儿，长在这儿，过着靠天吃饭的日子，白天挖地球，晚上麻油灯下拧草绳。

众：（不由自主地念）麻油灯，拧绳绳……

村：（打断）对咧对咧，不了念咧！

众：（憨笑）嘿嘿嘿……

村：唉……我们宽滩村穷么，山也穷水也穷，家家户户都穷么。

众：（相互看，不好意思）条件太差么……

村：可说啥咧，咱宽滩村的乡亲们要想赶（个）集，都要半夜三更起来摸着黑赶路，来回就是两天，你看难不难？

众：难得很，难得很。

村：（感慨地）唉……难，难，难呀……咱宽滩村最难就是娶媳妇咧。

众：（深有感触）对着哩。

村：过去难，现在更难咧……

众：就是的，就是的。

黑子：（喊）二栓回来咧……

众人转身，转场望远处；二栓和秀秀从相反方向转身转场。

众：（喜悦喊）二栓，二栓！

二栓：妈……

二栓妈：二栓，咋个相？

二栓低头，没吭声，蹲下。

众：又不愿意……

二栓妈：为啥来着？

秀秀：婶子，我领着咱二栓和人家小翠见了面，两个娃娃没意见。

众：好么！

秀秀：嗨。就是小翠她爸她妈不愿意。

众：咋咧？

秀秀：人家嫌咱宽滩村穷！说咱现在还点的是麻油灯；说陪嫁个电视机都没办法看，说买个手机没有信号，说买个摩托车都是山路还骑不成；说有女不嫁宽滩村，说咱这儿是绣花鞋踩到牛粪上——底子臭！

众：（相视，无奈）唉……

村：二栓呀，不要着急，叔托人给你慢慢找。

二栓妈：我说书记呀，二栓马上就 30 岁了，还是个高中毕业生，已经见了不下二十个姑娘了，都嫌咱宽滩村穷，都不愿意，再不找个媳妇，我家可真要断后咧！

众：（揪心）真要断后咧。

村：胡说！我就不相信离了红萝卜还吃不成臊子面咧，咱另找！

二栓：明亮叔，我……我……不找了！

众：不找了？

二栓：我出去呀，不回来咧！

众：啥？

二栓：我出去呀，再也不回来咧！

二栓转身欲走，二栓妈拦住。

二栓妈：（哭着）二栓……

众：二栓……

二栓：咱村上的存娃、石头当兵不回来了，福禄、成才出去不回来了，人家玲玲和山花给人当保姆也都不愿意回来咧，就说岁狗没出息，人家在城里收破烂都不回来，我留在宽滩村，整天就是见面相亲，见面相亲，见一个吹一个，见一个吹一个，这是弄啥哩么。

众：唉……

二栓：（喊，悲愤）我要走，现在就走，再也不回这个破地方来了！

众：二栓……

二栓妈：（伤心）二栓呀，二栓……

狗爷：都走了，都走了，都走了……

甲：冷清咧……冷清咧……，宽滩村的人越来越少咧。

二栓妈：都不要宽滩村咧……，这里哈（瞎）好是咱得家么……

村：外面的世界很精彩，宽滩村很无奈。

众：咋办哩？咋办哩？（众人面面相觑，无奈，叹气）唉！

音乐起，众人失望地散开，有的背身，有的坐下或者蹲下。

村书记猛转身，场景转场。村长兴奋地招呼大家。

村：乡亲们，乡亲们……

众人回神望着村书记。

村：乡亲们哪，咱宽滩村的日子难过，不光咱急，政府也急呀！

众：光急有啥用哩，咋弄哩么？！

村：告诉大家，为了帮咱脱贫，政府发动了西山扶贫大战役！

众：（回味）西山扶贫大战役！

村：没麻嗒！

乙：咋么？可要打仗哩？

村：对！要打个打仗！听说要让咱宽滩村不再受穷，要富起来，过上好日子哩！

众：娘娘……这是真的？

甲喊声打断众人议论。

甲：明亮叔……

村书记带领大家转身转场，眺望。

甲：（冲着迎上来的人）明亮叔，我打听清楚咧，对口支援咱宽滩村的是供电局。

村：供电局？

甲：宝鸡供电局。

众：宝鸡供电局？

村：（疑问）没有错？

甲：没嘛嗒，宝——鸡——供——电——局。

村：爷爷……娘娘……（思索着）

众人不解地望着书记。

村：（兴奋地）娘娘……娘娘……（高兴地来回走）

二栓妈：他叔，咋么咧？

村：乡亲们那，是供电局帮扶咱呢！

众：噢，（仍不解）咋么咧？

村：嗨！一伙猪脑子，供电局是弄啥的？

众：弄电的。

村：乡亲们哪，咱宽滩村说不定有希望通电咧！

众：啥？通电？!

村：（越加兴奋）哎呀呀……我的神呀，真是有希望通电咧。（众兴奋）大伙好好想一下，如果咱宽滩村有了电……

众：（思索着）如果咱宽滩村有了电……（声音放大，向往的）如果咱宽滩村有了电……

秀秀：咱就再也不点麻油灯咧。

黑子：咱就再也不用套着牛车，拉着麦子翻上两座山磨面了，咱也把麦子往机器里一倒，白面就“哗哗哗”地自动出来了。

梨花：咱就可以买电视机，晚上咱就不看星星，不拧草绳咧。

丙：有了电，咱就让娃在电灯底下写作业。

狗爷：有电真好，老汉我活了七十多了，没想到快和阎王爷见面了，还能指望用上电呀。

村：（美滋滋）有供电局支援咱，真好。

众：（沉浸在美滋滋的情绪中）嗯，供电局的真好。

稍停顿。

二栓妈：他叔，供电局啥时候来哩？

村：快咧快咧！乡亲们哪，西山通电战役打响咧，我们的战役也要开始咧，（命令似地）乡亲们！

众：（像战士）到！

村：我们一定要认真做好接待工作。

众：没嘛嗒！

村：大家分成两组，（众人赶忙排成两队，各种姿势）一个宣传组，要在宽滩村贴满热烈欢迎的标语口号。

第一队：是！

村：一个接待组，要杀好鸡，宰好猪，打好豆腐磨好面，专等供电局的来接电！

第二队：好！

村：乡亲们，大家听好，我们要像娶媳妇一样热热闹闹地迎接供电局来咱宽滩村！

众：好！

造型定格。

甲：（大喊）明亮叔——

喊声使大家慢慢活动，看着远处。

甲：（喊同时，转身换场，迎向书记和众人）明亮叔，打听好咧，供电局就是要给咱架电线通电咧！

村：我说的咋个相？

众人激动、高兴的议论着，“太好哩”……

村：哎哎哎……等一等，等一等，（众人安静，村指着甲）继续说。

甲：供电局的人说栽电杆拉电线要从黑子、天禄、秀秀、二奎家花椒树林子里过呢，噢，还有栓科、小军、梨花家核桃树林、荞麦地。

众：啥？

甲：到时候栽电杆要挖几棵花椒树、核桃树，荞麦地也要受一点点损失。

众人互相看，冷场。

黑子：啊？不行不行，我家花椒林栽电杆坚决不行。

梨花：我男人不在家，可不能欺负我一个女人和娃娃，想挖我家的核桃树栽电杆，不行！

村：你们听我说……你们……

丙：吝啬的，不就是给地里栽个电杆挖你几棵树么，我当要你的命呢？

黑子：哎哎……唉……你站着说话不腰疼！就是要我的命呢，咋把电杆不栽到你家地里？我的花椒树那可是贷款栽下的，你给我还贷款呀！

丁：我家去年才换的新品种，不能挖。

众：我家地里不能栽电杆啊……不行……

宽滩村的人争吵起来。各种姿态。

村：(村看到众人混乱，着急，劝谁都劝不住，吼叫）好咧！

(众人戛然停止，所有人蹲下。)

村：你们这是干啥？嗯？(吼）你们这是干啥哩？

梨花、秀秀突然号啕大哭。

村：(大声制止）哭啥哩？

二人止住抽泣。

村：（心酸的）唉，想干点事真难呀……

大家望着书记。

村：你们还想不想用电？

众：想么！

村：真想用电？

众：真想！

村：（语重心长）真想用电还不让电杆从咱地里过，如果把供电局的给逼跑了，咱磨面继续翻山！咱晚上继续点麻油灯！继续黑灯瞎火地过日子，小伙子继续找不下媳妇；既然大家不愿意，咱宽滩村就这么继续下去，大家看！

书记生气地蹲下来，众人灰溜溜地互相看着，慢慢地围拢过来。音乐起。

黑子：（委屈）明亮叔，我家的核桃树……挖！

梨花：（难受）我家的……也挖……

秀秀：明亮叔……只要能通电，咋都行……（众人纷纷同意，显得委屈）

村：（看着大家）我知道大伙心疼，放在谁都心疼，可通电是大事情啊，咱祖祖辈辈、世世代代都摸着黑过日子，到咱手里，通电咧！这是给咱宽滩村的后代办了件了不得的大事呀！秀秀、梨花、黑子，还有天禄，我代表宽滩村的乡亲们，还有宽滩村的后人，谢谢你们咧！

众：明亮叔……

书记面向他们深深地一鞠躬。

场景转换。

甲：(跑，喊) 明亮叔，明亮叔，

村：咋咧咋咧？驴惊了。

甲：(喘气) 哎呀，变了变了变了。

村：啥变咧？

甲：供电局变了。

众：供电局变了?!

村：啥？供电局不弄咧？

狗爷：看看看，把人家供电局气得不来咧！

丙：都怪你们！

众：就是，怪你们，不就是挖几棵树么……（大家开始埋怨）

丁：（急）明亮叔，我愿意愿意，挖完我都愿意，只要给咱把电接上，咋挖我都愿意。

乙：我这就去……

甲：哎呀，你们不要争不要吵，供电局说咱山里人不容易，为了不让咱受一点损失，人家把线路改了！

众：改了？

甲：改了！延长了！

众：延长了？

甲：为的是把大伙果园全部都绕开，要绕那么大一个弯子呢(指远处)。

众：娘娘。

村：这一绕，就要多跨三个沟，多过两道梁，多翻一座山呢。

众：娘娘……

村：这可要多栽多少个电杆，多架多少的电线？多花多少钱呀？

众：娘娘……

村：人家是替咱想哩，把啥都想到咧……

黑子：（由衷地）供电局真好！

众：供电局真好！

音乐起。

众人沉浸在由衷的感激之中。

村：供电局的真好。政府实施的突破西山战略真好。我们宽滩村感受到了党中央对我们的关心和支持，西山要变咧！我们宽滩村要变咧。乡亲们，乡亲们，告诉大家，可变咧！

众：可变了？

村：对，可变咧。电杆，不栽了。

众：不栽咧？

村：电线，不架了。

众：这可咋么咧？

村：我给咱算了一笔账，咱每一户拉电架线的任务相当于山外头一个村子的工作量。

众：（认真地听着，应承着）噢。

村：咱每家拉的电，投资下的钱，外多得很，一百年也收不回来呀。

众：噢。

村：花这么大代价来给咱通上电，（外）国家不心疼，咱还得心疼么。

众：噢。

村：乡亲们哪，就是花这么大代价给咱通上电，难道咱就脱贫了吗？

众人相视。

二栓：明亮叔，这么说通电的事可没戏咧？

众：爷呀，通电的事没戏咧。

众人期待地看着老书记。

村：有戏，有戏呀，乡亲们，这一回呀，戏唱大咧！

众：（不解地）戏唱大咧？

村：政府认真研究了咱宽滩村的事，认为咱宽滩村不仅缺电、交通不便，最根本的问题是生存环境和条件太差，为了让咱们真正地脱贫致富，让咱宽滩村搬迁到山外边。

众：搬迁？

村：对，搬迁。搬迁到有电、有公路的地方。

众：有电、有公路的地方。

村：搬迁到生存条件好、能挣钱的地方。

众：生存条件好、能挣钱的地方。

村：搬迁到彻底脱贫的地方。

众：彻底脱贫的地方……

（众人不知所措）娘娘……娘娘……

村：乡亲们，好好想想吧。

狗爷：那……那咱这里咋办？

村：还咧。

众：还咧？

村：还给西山咧，还给老天爷咧，还给大自然，这样就绿色咧，生态平衡咧。

秀秀：那……那咱的房子哩？

村：（爽快）不要咧。

众：不要咧？

村：不要咧，咱还能舍不得住了几辈子的土房子、茅草窝么？

狗爷：明亮呀，你说……真的搬？

村：真的搬。

狗爷：搬了好？

村：搬了好。

狗爷：我可真舍不得呀……（哽咽）

一部分不愿意搬迁，“我不搬”“我不搬，谁愿意搬谁搬”……争吵。

村：好咧好咧，我问你们，就现在给咱通上了电能干啥？

乙：能磨面。

秀秀：能看电视。

黑子：能照明。

村：我说有了电咱就天天磨面、天天看电视？晚上拉着电灯睡觉？到头了还是个穷！

村：（语重心长）说真的，我也舍不得咱宽滩村呀，可将来你要是住进新的宽滩村，你会更舍不得哩。

梨花：明亮叔，我娃他爸在外头来话咧，说搬了好，搬迁了才能有希望。

秀秀：我（外）口子也回话咧，说这是咱宽滩村的什么机遇，让我要抓住，还说咱宽滩村的发展就上咧大戏台咧。

村：是大平台。

秀秀：对对对，他以后就不出门打工，就在家里发展呀。

乙：我咋感觉是做梦哩，这到底是真的么？

丙：明亮叔，咱祖祖辈辈都做梦哩，现在就要梦想成真哩。

众：梦想成真？

村：对，政府、供电局帮咱圆了这个梦，乡亲们，咱们就要有一个新的家，新的宽滩村咧。

众：（既盼望，又迟疑）这可能么？

村：你们看，（大屏幕，新村景象）这就是咱们的新宽滩村。

众：真的？

村：政府帮咱建设移民新村，供电局没有让咱掏一分一厘钱，给咱们家家户户把电接好咧。（外）真是楼上楼下电灯电话，床上铺着电褥子，做饭用的电饭锅、电磁灶，还有洗衣机、电视机、压面机……乖乖，样样都带电啊，噢，街道上还有路灯呢。

众：对着哩。

村：呵呵呵……到那个时候，咱们的宽滩村可就是——出门不踩泥，过河不脱鞋，耕地不用牛，做饭不烧柴，点灯不用油，洗澡不用愁。政府还说让咱要依靠电力先行，挣大钱发大财呢。

众：（一部分人不由得）娘娘……真好呀。

村：乡亲们，咱的新宽滩村到底好不好？

众：（大声）娘娘，真好。

村：二栓他妈，这一下二栓就能娶上媳妇咧。

二栓妈：（高兴地）能能能，我二栓能娶上媳妇咧，不管女方给咱陪嫁个啥，咱只要带电的！

村：以前不管谁说到咱宽滩村，一个字——穷，如今咱们要住上小洋楼，乡亲们呀，吃水不忘挖井人，没有政府帮扶，咱就没有新房住；用电不忘架线人，没有供电局帮扶，就没有咱们的今天。

众：对着哩。

村：将来咱寻个好日子把搬迁和二栓娶媳妇一搭给办了。

众：好。

村：看看大伙多高兴呀！宽滩村的人心里亮清着哩，能有这一切，我们打心眼里感谢党、感谢政府、感谢供电局。

众：感谢党、感谢政府、感谢供电局！

音乐起。

众：对着咧。

村：咱们宽滩村能有今天的好日子，靠的是党的好政策、靠的是政府，靠的是供电局。

众：对着哩！

村：我们要感谢党、感谢政府、感谢供电局。

众：感谢党、感谢政府、感谢供电局。

村：我们就要有电了……

众：我们就要有电了……

切光，音乐起。

字幕。

起光，大家换上了新的衣服，高兴地站立着，笑声不断延续，切光。

儿歌：麻油灯，拧绳绳，油灯碗，一点点；

宽滩村，一巴掌宽，

有了电，幸福的生活宽无边。

有了电，宽滩村的笑声震破天！

他是我女婿

冉　谨

人物介绍：

小秦，安能建分公司电气作业一班员工。

婷婷，小秦女朋友。

婷母，婷婷母亲。

班长，小秦直接领导，电气作业一班班长。

张妈，婷婷、婷母小区邻居，婷母广场舞队友。

其他角色，电气作业一班成员（人数自拟），小区邻居（人数自拟）。

故事梗概：

小秦与女友婷婷处于热恋当中，婷母因为小秦工作太忙颇有微词。这天，小秦在饭店第一次约见未来丈母娘，却由于工作任务迟到，刚坐下吃饭，又接到班长电话需要执行抢修任务。婷母愤怒带婷婷回家，却发现小区停电，二人来到小区外，却发现小秦正在随同事紧急抢修，为小区恢复供电。婷母十分感动，开始理解小秦。

（一）

夜，饭店。

小秦：（边走边看手表）对不起阿姨，我来晚了。

婷婷：妈，小秦来了。

婷母：你也不看看都几点了，第一次见面就来这么晚。

小秦：对不起阿姨，对不起，夏天保电任务比较重，工作有点忙。

婷母：工作再忙也得分个轻重啊，老是没时间怎么行？好了，坐下来吃饭吧，菜都凉了。

小秦：谢谢阿姨。

婷婷：妈，你就少说两句吧。

婷母：我这可都是为你好，对了小秦，你家里都几口人啊？上次说你看了房子怎么样啊？以后是不是打算和父母一块住呢？

小秦：阿姨，我……（叮叮叮，手机响了，小秦拿起电话）喂，班长啊？什么？紧急情况？我，这会……（看了看对面的二人）暂时不太方便啊，（犹豫）好，我马上到！（向婷母深深鞠了一躬）对不起阿姨、婷婷，发生了紧急情况，好几个小区的居民等着我们送电，我得立即赶到现场抢修，我先告辞了！（转身离开）

婷婷：你快去吧，早点回来。

婷母：你这人怎么这样，你给我站住！回来！

小秦：阿姨，对不住了。（走出饭店）

婷母：你俩这事，我坚决不同意。

婷婷：妈，他这工作就是这样。

婷母：那你找个其他工作的，走！（带着婷婷离开）

（二）

夜，事故变压器现场。

现场已搭建好围栏和安全警示牌，抢修人员正有条不紊地工作。

班长：小秦来啦！

小秦：班长，具体什么情况？

班长：一辆大货车刹车失灵从山上滑下，撞到出战路五号配电箱变，现在五号变电箱整体损毁，高低压电缆全部烧断，导致138东区二回路开关短路跳闸，目前箱变供电范围内锦绣花园小区及周边数百用户断电。

小秦：抢修方案出来了吗？

班长：领导高度重视，抢修方案已经出来了。戴上安全帽，拿上安全工器具，开始干活吧。

（三）

锦绣花园小区门口

婷婷：妈，小秦这个人真的很不错。

婷母：别说他了，我说不行就是不行，（碰到邻居，广场舞队友）哎哟，张妈呀，你这是去哪啊？今儿个怎么没见跳舞啊？

张妈：婷婷妈啊，你不知道啊，小区停电了，闷得慌，我出去走走。

婷母：啊？这大热天的停电，这不憋死人吗，真烦人，《小苹果》第二节我还没学会呢。

张妈：不跟你说了啊，我去别的小区看看。

婷母：好叻，你去吧。

婷婷：张阿姨再见。

（四）

抢修现场，突然狂风大作，暴雨欲来，抢修人员正紧张工作。

可使用紧促音乐伴奏。

小秦：班长，看着样子像要下雨了。

班长：不管他，继续干活。（电话响，班长接电话）您好，领导，对对，我是电气作业一班班长，领导请指示。

电话声音：克服一切困难，确保居民生活用电，今天晚上必须完成所有工作，恢复供电！

班长：是，一定完成任务！（挂掉电话，回头）兄弟们，领导刚刚来电话，今天晚上必须完成工作，大家有没有信心！

众人：（齐声）有信心！

哐！一声惊雷，大雨倾盆而下。

（五）

锦绣花园小区，婷婷家。

婷婷站在阳台，看着外面下起大雨。

婷婷：妈，下雨了。不知道小秦他们工作完成了没有。

婷母：都什么时候了，你还惦记着他，你也不关心关心你妈，还指望着今晚把手里的股票都出手了呢，现在还不来电，也不知道赔了多少。（叮叮叮，电话响，张妈打来）张妈啊？你回来了啊？我还担心着下雨了怕你淋着呢。

张妈：（电话里）婷婷妈，你们家里有没有雨衣啊？

婷母：有啊，您这是打算给谁用呢？

张妈：（电话里）是这样子的，刚才啊，我走出小区，在路上看见电力公司的工人们正在给咱小区抢修，这会正下着雨呢，小伙子们身上也没穿个雨衣，为了赶时间也不愿意回去换，所以我就想啊，咱们小区的住户们筹上几件，让小伙子们先穿着，婷婷妈你看？

婷母：没问题，老张你过来拿吧。

张妈：（电话里）我这要拿好几家呢，你跟我一块过去吧，下次我单独教你跳《小苹果》。

婷母：（迟疑）好，好，好，我这就跟你一块去。（挂掉电话）这张妈真是个麻烦人。

婷母收拾衣服准备出门。

婷婷：妈，我也去。

婷母：下这么大雨，你去干吗？

婷婷：刚才小秦说要去抢修，说不定这会就在里面呢。（难过，欲流泪）

婷母：（无可奈何）走，去看看吧。

（六）

抢修现场。

工作人员人员正奋力抢修，雨水、汗水、泥水混在一起。婷婷、婷母、张妈及邻居数人撑伞来到安全围栏旁。

婷婷：（手指人群中一人）妈，小秦。（流下泪来）

婷母：（拍了拍婷婷背）唉，别哭，哭什么啊，这么大人了。

张妈：小伙子们辛苦了，咱邻居给大家送雨衣过来了。

大家听见声音，回头看。

班长：（招呼大家）继续干，不要停。（向前走几步，大声说）谢谢大家的好意，不过我们身上都已经这样了，（指了指工作服上的污水）所以穿不穿雨衣也没有任何意义了。大家放心，我们马上就可以给小区供电了！兄弟们，快谢谢大家！

工作人员：（齐声）谢谢大家！

班长说完话，转身回到抢修人员中间，继续紧张激烈地工作，小区人员不愿离去，围观众人工作。此时雨越下越大，打在每一名抢修人员脸上，大家毫无怨言，依旧迈着稳健的步伐，有条不紊地工作。（拍摄时可抓几个人特写，慢放，背景配激昂慷慨的音乐。）

小区居民看见眼前的一幕幕，十分感动。婷婷把头埋在婷母怀里，看着小秦辛苦的工作场面，泪流满面。小秦却丝毫没有察觉婷婷的到来。

张妈：（和婷母聊天）这些小伙子们太不容易了。

婷母：干哪行不辛苦，这年头挣钱都辛苦，我炒个股票还提心吊胆呢。

张妈：你炒个股票你是待家里啊，风吹不着，雨淋不着。你看这些小伙子，咱们白天要用电，他们得维护，咱们晚上用电，他们也得维护，咱们放假用电，他们得维护，咱们过节用电，他们还是得维护。

婷母：你说得倒也是。

张妈：这样的小伙子，一定都是有担当、有责任感的好孩子，我女儿要是没嫁人，我都让他嫁给这样的好小伙。

婷母：是不是啊老张，就他们这样，一年都不知道能陪老婆几天，吃个饭都能被叫走，有什么好的？

张妈：他们不能经常陪老婆，是因为他们要保证大家能用上电，大家才能更好地陪着老婆，陪着孩子，是不是？

婷母不语。

（七）

锦绣花园小区居民楼特写，一瞬间，灯光亮起。

（八）

抢修现场，雨已停。

所有工作已完成，现场已恢复正常，抢修人员欢呼：“送电了！”大家紧紧拥抱，忘情庆祝。

小区居民纷纷鼓掌，大喊：“来电了，太好了！”

张妈：小伙子们，你们今天都是英雄！

婷母：（从包里掏出面巾纸，递给婷婷）还不快去给人家擦擦汗。

婷婷愣了一下，反应过来，朝小秦方向走去。

婷婷：（害羞，递过纸巾）给！

小秦：（诧异）婷婷，你怎么来了？

抢修工人：（起哄）弟妹来啦？弟妹真漂亮啊！

班长：（招呼大家）去，去，都一边去。

众人散开。

婷母：（故意）咳咳。

小秦：阿姨，你怎么也在这啊？

婷母：我女儿住哪个小区你都不知道吗？

小秦：锦绣花园啊，（恍然大悟）哦！阿姨，我，我真不是故意的，我今天一着急没想起来，对不起，阿姨对不起。

婷母：那你说，你该怎么办呢？

小秦：阿，阿姨，我检讨，我该死，我以后一定多抽时间出来陪婷婷。

婷婷：好了，妈，小秦今天都这么累，您也别再为难他了。（小声对小秦说）你还不快走。

小秦：那，阿姨，我先走了啊。

婷母：走？你走哪去？我让你走了吗？

小秦：阿姨，我，我身上太脏了。

婷母：那你还不赶紧去我家洗个澡？

婷婷：（扑哧一笑）妈，你同意了？

婷母：我什么时候反对了？

张妈闻声过来。

张妈：大家都来看看，今天这位抢修英雄，就是咱们小区婷婷的朋友呢！

大伙：（一人一句）婷婷朋友哇，小伙子真俊啊！小伙子真不错，真勇敢，真有责任心！

婷母：谁说是我们婷婷朋友了？

张妈：难道不是？

婷母：（得意）他是我女婿！

完。

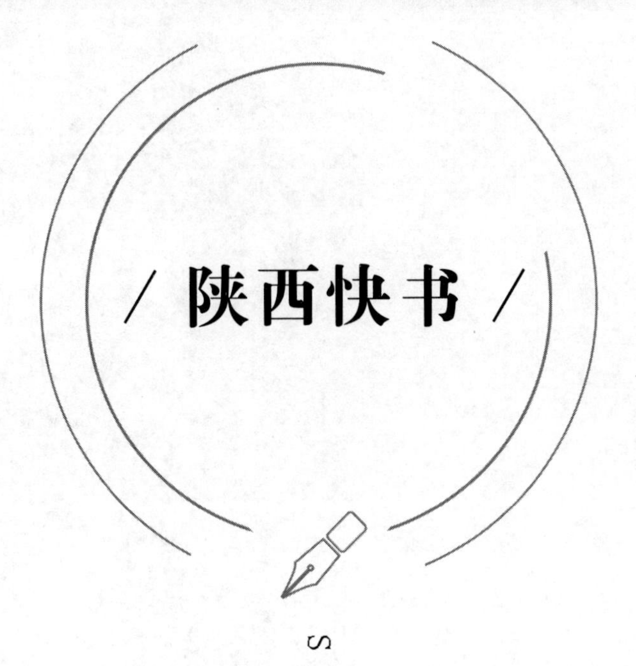

陕西快书

SHANXIKUAISHU

画竹摄影“双枪将”张宪平

王建康　陈步蟾

南京到北京，

那一个不闻名，

“竹王”“双枪将”，

就是那张宪平。

（白）观众问啦，何谓“双枪”？双枪者，绘画也、摄影也。

他身有绘画、摄影两门才艺，

如似将军双枪在手中，

驰骋疆场经百战，

凯旋而归身披红。

（白）他们作品多次在《工人日报》《解放年报》《国家电网报》《中国电力报》《中国公安报》《西北信息报》《西北电力报》《陕西工人报》和《人民军队》《西北民兵》《中国电业杂志》《国家电业杂志》《西北电力职工》等读者报刊发表，多有 2000 余幅。

作品在全国、省上获奖的次数记不全，

仅一、二等奖就有二三十个，

有的被珍贵收藏，

有的被国家领导人称赞，

有的陈列在展厅，

有的被挂在堂前，

一幅竹子受原全国人大副委员长韩启德好评，

一幅佳作被时任的中央军委秘书长、总政治部扬白冰推荐，

他因此在部队上荣立三等功，

他因此进过北京交流画工。

张宪平说平不平，

他那相貌就不一般，

麦黑的脸庞上写满艺术，

发亮的脑门充满灵感，

珠明的眼睛时时在发现生活中的美，

艺术的发式飘逸着气质有点卷，

有一幅漫画惟妙惟肖，

一张葫芦一样脸上的眯眯笑眼，

他是商洛供电局先进工作者，

他是中国数码摄影家协会、陕西省摄影家协会和陕西省美术家协会的会员，

奇人奇迹一长串，

《人民日报》《人民军队》《国家电网报》《陕西电视台》都报道过多少遍，

我今天打起竹板上台来，

再补充说上那一点点。

中国画的精髓有笔墨，

墨有芳香华滋润，

宪平的国画有时代感，

又有中国画的传统美，

有时尚，有新潮，
有写真，有写意，
一首好画如首好诗，
内蕴丰富意境新，
描人物，画山水，
画的竹子有魅力。
1991年他的作品《改革开放的总设计师》，
在全军年展出最吸引人，
邓小平的目光炯炯，真有神，
纵观世界风与云，
邓小平伟人的风度气势撼山，
邓小平的满脸上都是自信，
小城的故事犹在身，
“三个有利于”就是标准，
改革开放动摇不得，
步子太小就会丧失机遇，
发展经济就是根本，
坚持走中国特色的道路永不变色，
民强国家气象更新。
这幅画在展出获了奖，
这幅画张宪平的大名传千里。

画竹又是他的拿手戏，
“竹王”可不是天上掉下来的，
他画竹整整35年，

他学竹品德做君。
未出土时尚有节，
凌云高处仍虚心，
竹字不弯杆正直，
高风亮节有精神，
（白）他说：
要有好的作品，
必先有好的人品，
他的斋名叫“师竹斋”，
一辈子画竹做正直的人，
他忠厚，很诚信，
乐于奉献帮助人，
不讲大话和诳语，
踏踏实实，实行一致，表里如一，
他是一名有多年党龄的共产党员，
一直严要求、讲自律。
他画竹做到竹人合一，
血脉中流动的是竹的精神，
他画竹好似画自己，
画他的梦想、他的情涌，
画他的心动、他的志气，
一竹一世界，
一竹一乾坤，
一竹一境界，
一竹一痴迷，

这正是“画如其人”，

竹画中有他那一颗廉洁的心。

2000 年他画竹名曰《品清》时，

心中对廉洁充满敬意，

对贪污腐败极端不满，

对反腐倡廉无限希冀，

眼中竹，胸中意，

手中笔墨随我心。

很快地《品清》画成了，

他眼望窗外心欢喜。

这个作品在《中国电力报》《西北电力职工杂志》和陕西省党校校刊等处发表。

被收在陕西省电力行协的书画集子里。

35 年的画工他悉心不停，

一根根的竹子在墨香中拔节，

由一纵到几根愈见精气神，

再有几个灵动的小鸡相随，

那一杆杆竹子风过而动，

那一杆杆竹子映雪高挺，

那一杆杆竹子艳阳高照，

那一杆杆竹笋正在石心，

他的作品广为收藏，

他的竹子一天天地成长。

一棵树，分两杈，

一个枝枝两朵花，
张宪平搞摄影，
25 斤重的摄影设备身上挎，
不怕穷山与恶水，
仅酷热天与冷风刮，
下基层他走在前，
风险区他如骏马，
就像当年在部队上，
命令一下就出发。
说的是 2010 年的 3 月 22 日夜，
商洛的大雪铺天盖地地下，
两百年一遇的特大自然灾害，
就是童话不虚夸，
一夜的雪欺丹水水不流，
一夜的雪压商山山顶垮，
一夜的雪掩城镇不喧哗，
一夜的雪盖松树又沸腾，
多处供电的塔倒、杆倒，线断又跳闸，
党政领导不停地打电话，
供电局启动了橙色预案，
全局上下总动员，
一切工作抓紧抢险救灾，
局领导带领人马赴第一线。
头一天张宪平跟着局书记，
先到丹凤寺坪、竹林关，

晚上8时天已黑，
一行又上武关山，
车难行，上难走，
打着手电不歇点，
雪掩过膝盖心里急，
国网人的责任重在肩，
到了现场不休息，
就和职工一起干，
那热情，那血汗，
全将在张宪平的镜头里面。
第二天他随着局长去山阳县查灾情，
几天跑完了县大半，
赛虎岭前鹰雁愁，
他们视此岭为平川，
岭高2000米，
崎岖小道弯又弯，
小汽车只行了18公里半，
步步如飞不怕难，
爬山腰疼腿又酸，
接着又上天竺山，
腿肿脚疼难忍耐，
办公室三层楼梯的台阶他迈不上去，
回家躺在床上不能动弹。
通俗语说：“开好花，结好果”，
张宪平这几天摄影采访得多，

《商山深处党旗红》在陕西省电力行协获得一等奖，
更多的在宣传本局影视台上，
四两灯芯火，
能越万重山，
不要小看，这一张张照片，
记录着国网人奉献的血汗，
不要小看这一个个镜头，
激励着一线的电力人拼搏向前。
这年 7 月 23 日的大洪灾难，
洪水又把商洛大地漫，
群众房屋塌良田淹，
工厂里的机关不能动弹，
商洛电网多处瘫痪，
这是对国网人的又一次考验。
局领导和职工，
白天晚上连轴转，
正缺塔，扶电杆，
头顶骄阳拉电线，
为了早日恢复生产城明，
越是艰险越向前。
张宪平和领导一行 5 人，
先跑了山阳、丹凤县，
这一天来到洛南麻坪栗峪村，
麻坪汉水洋溢了岸，
桥冲走，路冲断，

战洪救灾的决心高过天。

宪平坐上铲车兜儿，提心吊胆过了河，

打开照相机把相照，

一心看镜头，

全力把最美的瞬间捕捉，

不防脚被石头绊，

左膝盖被碰着，

全身倒在乱石中，

说时迟那时快，

保护相机成习惯，

没有保护人栽倒，

手举相机在胸前，

钻心疼痛浑身汗，

眼泪在眼眶打转转，

他不喊，他不吭，

忍着疼痛继续向前行，

同志们发现一颠一跛走路难，

才知他那天受伤忙送医院。

张宪平在本局内工作很积极，

被抽调外援也很努力。

（白）2013 年 4 月，在新疆与西北主网换网第二通道线路工程建设中，国家电网抽调他去支援半月多，他的任务是摄影。

那里空气很稀薄，

山高海拔 4000 多，

那是大风、沙土飞，

工人上班穿棉衣，
他和工人一起住地窝子，
工作中几次晕倒又爬起。
风沙让你吃饭难张嘴，
风沙直吹得眼泪流，
他说，
“再苦也不退一步，
因为我是国网人，
拼命也要干到底，
不给商洛局丢脸。”
拍摄的 1 组 6 张《战斗在生命线上的勇士》，
在国家电网摄影比赛中得了第一，
又参加全国电网摄影比赛，
抱着优秀奖杯归。
你看“双枪将”人生艺术多风采，
艺术人生多有味，
人生如画新不断，
下一回再说“双枪将”战斗的诗篇。

电力“铁人”赵勇毅

王建康　陈步蟾

20 世纪大庆出了个“铁人”王进喜，
今天国网商洛供电公司出了个“铁人”赵勇毅；
王进喜带领工人为中国钻探石油争了气，
赵勇毅带领团队在电力战线创奇迹。
两个“铁人”虽然相距六十多年，
爱国、敬业、诚信、友善的核心价值传承未变。
单说这个赵勇毅，
个子不高一米六七，
家住商州杨峪河镇四合村，
从小受父亲熏陶很自强自信，
1986 年西安电校毕了业，
被分配到商洛供电局，
莫看他人小志气可大，
上函授拿到本科专业文凭很利洒，
他先搞的是线路设计，
登高山涉河水踏勘线路走经区域，
连夜绘草图心有灵犀，
设计的 10 条线路施工顺利。

1994 年他初任工程处副主任，
第一次上大“战场”就拿下“高地”。
这一年 7 月 28 日他刚到工程处，
第二天带领 3 个班 50 多人就出发，
风雨兼程到榆林市横山县，
在 11 千伏横定输电线路工地把营扎。
无定河边天气变化莫测，
16 公里的工程困难大，
毛乌素沙漠人烟稀少，
用水要到 20 多公里外去拉。
头一次在工地去施工，
一路大雨造麻达，
洪水把路冲出两三米深的大坑，
满载工具、材料的车过不去没办法，
任务紧急时不待人，
赵勇毅心里像猫抓。
说时迟，那时快，
他急中生智有拿法，
派人急忙买回 30 把铁锨，
大家奋力把沙土填。
取沙需到 25 公里外，
来往一次可真远，
一袋袋沙子扛过来，
一滴滴汗水摔八瓣，
（白）队员们说：

“赵主任人如其名，
既有毅力又勇敢，
我们跟着你努力干，
没有过不去的火焰山。”
大家吃冷干粮、流血汗，
填好路奋战整一天，
第二天从挖坑、浇基础、打桩开始干，
4个月风雪战犹酣，
雪造美景风当扇，
一寸一尺的进度向前赶，
功夫不负有心人，
提前完成任务大家喜欢，
4个月风雪战犹酣，
榆林市供电局给这项工程评了“优质”喜讯传，
队员们凯旋而归过了个快乐年。

赵勇毅是局里出了名的“活地图”，
听众你知道这是啥来由？
（白）孙子兵法曰：
“知己知彼，百战不殆。”
（白）俗话说：
“做事要心中有数。”
两年间，他顺着1000多公里的高压输电线路跑，
两年间，他踏遍商洛的山山水水岔岔沟沟，
两年间，他不知跌了跤吃了多少苦，

两年间，他把 4 双黄胶鞋底都磨透，
带着干粮、水壶和雨伞，
顺着杆塔到顺线走，
遇山越山，遇河过河，
遇涧跳涧，遇沟跨沟，
碰见长蛇练胆子，
遇见胡蜂绕弯子，
遇见野兽心里惊，
感到寂寞吼几声，
常常清早上山晚上归，
衣被刺撕破饿得眼冒星。
有一次走到山阳赛鸪岭，
密密树、弯弯路，
当地人下套子套野兔，
他冷不防被套子夹住跌倒往下溜；
下面是深谷看不到底，
幸亏他抓住了一棵松树把命留，
脊背被磨破鲜血流，
他铁打的汉子照样向前走。
(白) 他就是这样，
走出了个输电线路“心中有数”，
走出了个工作进入自由王国的自由，
走出了个商洛电网的“活地图”，
走出了个下步工作的坚实基础。
(白) 从此后，局里有些线路设备摸不清的地方，领导说：

“去问咱的‘活地图’”。
（白）他处的同志诙谐地说：
“跟上咱赵处咱工作不迷路。”
多年来他年年过春节都值班，
给千家万户供好电，
让群众亮亮堂堂过大年，
让商山洛水笑开颜。

2008 年 1 月冰冻雨雪席卷我国南方，
不少城市乡村水、电、气都中断，
列车停运一大片，
广州火车站滞留旅客 80 万，
多少外出群众不能回家过年，
我国电力行业面临救灾考验。
抢修救灾命令下，
灾区就是第一线，
赵勇毅参加的国家电网陕西商洛供电局突击队，
2 月 14 日奉调出征千里驰援，
他不因过年而推辞，
不因家庭困难而拖延。
人都说打虎亲兄弟、上阵父子兵，
这里是兄弟抗灾肩并肩，
他的弟弟赵小勇，
也是突击队里一队员，
登杆作业不辞苦，

犹如猛虎受称赞。
他担任突击队工地主任，
肩上的担子重如山。
商洛、西安和延安供电局，
抢险的是110千伏建上线，
商洛局承担30多公里的输电线路，
23号到114号共92级塔杆，
杆体倾斜、导线受损，
架空线路与地线距离不足、横担折断，
时间不容耽搁一点点，
他们冒雨顶风不停地干。
2月18日在113号至114号杆塔抢修施工地，
他和第三突击小组长任永超冲在最前，
渴了喝一点矿泉水，
饿了吃一点冷干饭，
紧一下松弛的裤带，
磨一下有力的双拳，
身轻如燕穿新柳，
奔波在各个施工点，
“铁人”显铁性，
汗水湿透了衣服也不停闲，
凭着那股勇敢的劲儿，
同大家干到10点半，
当前完成任务的45%，
返回驻地夜备战，

第二天他和战友完成全部工作量的95%，

创造了新奇迹泥泞山上组立两级杆塔一天完，

他后又参战支援兄弟队，

22日商洛供电局的抢修任务全实现，

陕西省公司赞扬商洛人是“雪豹突击队”，

商洛供电局领导把大红花戴在他胸前。

2009年大年三十他不值班，

一家人欢欢乐乐过个团圆年，

12岁的女儿高兴地和父亲一起看春晚，

9岁的儿子企盼父亲和他一起放鞭炮把花筒点，

妻子和他边看春晚边包饺子，

说不出的喜悦像糖在心里甜。

时针正指在晚上8点半，

忽听电话铃响不断，

（白）现在他是输配运检工区党支部书记兼主任，凭他多年的工作先经验判断，准是哪里的线路出事了，一家大小立刻把笑容敛。

（白）他从电话里得知，山阳县35千伏杏户线单相接地，线断已起火星子，

他明理的妻摧他赶快去，

他跑到办公室忙部署，

柞水、商州两个保线站，

连夜赶往户家垣，

他当晚12点已赶到，

局领导带人赶来是凌晨一点，
大家一起忙到两三点才吃饭，
吃的是没菜没肉的白白面，
决定第二天清早就上山，
冰冷的金钱河把路拦，
水深到腰间，
硶冷到零点，
人人存畏难，
先怕腿冻残，
何以驱酷寒？
他和任永超老班长，
紧咬牙关往河水里趟，
冰冷的石头站艰难，
钻骨的河水刺心的寒，
党员冲在前，
职工勇当先，
学习共产党员好榜样，
河水再冷冷不了职工火热的心，
山风再急没有抢修的任务紧，
（白）他突然喊出一句话：
“红军不怕长征难”，
（白）大家异口同声地对应道：
“不到长城非好汉”。
他冻得腿抽筋，
许多人冻得打颤颤，

他和任班长过了河生了柴火，
让大家按摩双腿取取暖。
但那些民工不过河，
(白) 他们说：
“你们这样真少见，大过年谁愿把没命的活干?”
工钱加到了 300 元，
他们才把带钢芯铝导线、钢丝绳等抬过岸。
金钱水流冰下咽，
赛鹄岭高过八千，
雪凝风号鸟不至，
松冻地坚土如石，
家中饺子把人等，
杏户线上战犹酣，
英雄气概古今有，
常使观者泪如泉。
初一从早抢修到下午 1 点半，
工程结束送上了电。
这里的群众能过个好春节，大家高兴，
(白) 他总结说：
“我们又过了个最有意义的年”。
赵勇毅是个先进，
不打硬仗不过瘾，
他是“铁人”真不假，
上了战场有使不完的劲。
(白) 2010 年 3 月 22 日，商洛发生了百年不遇的暴雪，

这场暴雪很凶残，
一夜想摧毁洛水和商山，
山阳、丹凤两县的电网受重创，
全市电网损失 5 千多万元，
许多地方断了电，
群众生产生活很困难。
商洛供电局总动员，
局领导带队奔赴第一线，
赵勇毅是局指挥部的一成员，
率先垂范走在先。
(白) 当晚 9 点，来电告诉他，
山阳、丹凤都跳闸，
他立即向局领导作汇报，
胸有成竹指挥很坦然，
令班长任永超带人到山阳，
令田华带人到丹凤县，
他第二天 6 点半把队员集合齐，
立即分赴各地查灾抢险。
他在山阳县抢险救灾整 7 天，
穿梭在各个工作点，
和抢险队员同吃同住，
和抢险队员一起苦干，
大雪覆盖看不见路，
他摸索试探不止步，
忘了休息和疲倦，

哪管汗水湿透衣衫，
肩上自知担子重，
心中只想着早通电。
3 月 24 日他到十里镇鹃岭山上，
12 点不见来用午餐，
下午 3 点司机薛强强，
拿着方便面满山把他喊，
薛强强声音都嘶哑，
望着密林把他埋怨：
“我一辈子没服过一个人，
今天服了你这个铁打的汉，
山、丹两县主网的抢修任务大，
200 多公里长的抢修战线，
几十个山头几十个抢修点，
从现场踏勘到制定抢修方案，
还有后勤保障、物资供应，
你事事都要操心遍，
每天从清早干到晚上两三点，
迷瞪一会儿起来又开战，
你是活人不是神仙，
不能不吃不喝一天到晚把活干，
我给你当司机拿你没办法，
你可不能把自己身体这样糟践。”
原来他让司机把他送到峪山口，
他就一人爬上山，

弯弯山路雪带泥，
小步慢行实在难，
四级杆子 1.5 公里远，
查看杆塔、杆上的导线有没有损伤？
查看交跨物障碍是否有异变？
查完了这些又登上山顶，
和队员们一起换横旦，
直干到下午 6 点时，
才在 35 千伏山高线 32 号铁塔下和司机见了面，
接过方便面“咔嚓咔嚓”狼吞虎咽，
一瓶矿泉水一口气喝了个底朝天，
喝完把空瓶子装进了废品回收袋，
他疲倦得双眼眯成了一条线。
再说 3 月 26 日这一天，
他带人奋斗在山香线，
由于山香线接地试验未成功，
他清晨就赶来巡视仔查看，
车辆通过色河至板岩时，
山体滑坡路塞断，
几块大石头，
好像一座山，
在这抢先救灾攻坚时，
有意蹲在此地来捣乱。
人人心里急如火烧，
大家相视愁眉苦脸。

此时，忽听赵勇毅一声喊：

“顽石敢挡道？愚公能移山”。

他车上取下八磅锤砸巨石，

“当”地一响震破了天，

这一锤彰显了铁人无比的坚强，

这一锤展示了共产党员的垂范，

这一锤光彩了国网人的风采，

这一锤弹响了队员们的心弦，

大家一齐都上阵，

清除了路障度过了险，

5 号到 56 号塔之间的通信电缆，

很快地修复通了电，

（白）队员们称赞他：

“以身作则的带头人”，

（白）他夸奖队员：

“团结一致能胜天”。

7 月 23 日的水灾突如其来，

雨水灌满了山峪淹没了良田，

全区电网损失严重，又是 5 千多万，

群众生活困难工厂机器不转，

省市领导带查灾抢险队员速赴一线，

受灾群众的呼声不断，

电力犹如空气和粮食，

缺少他，人们就乱成一团。

山阳县最严重的是中村，

中村的输电线路断，
中村一带霎时间成孤岛，
与外界信息不通似漂帆。
赵勇毅带了一部卫星电话，
直接到中村抢时间，
查看了现场向局里作汇报，
局里派出抢修队很快来到。
天桥断，路难行，
抢修队被挡在河岸沙滩中。
此时恰遇查灾的山阳县长，
利用这部卫星电话向县上报灾情，
县上即刻组织人员沿线修路，
局里、县上同力奋战把电通。
县上感谢他带了部卫星电话，
没有电话情报难以传送。
他敬佩县长亲临第一线，
全心全意为老百姓。
打了胜仗感慨多，
双方互谢并肩战斗旗开得胜，
都说今后要加强沟通，密切配合，
共同建设好美丽商洛。
在场的人员齐拍手叫好，
连西山上的太阳也高兴得笑脸通红。

“巾帼丈夫”王天慧

王建康　陈步蟾

激情点燃太阳，
青春追逐梦想，
你用电，我用心，
把商洛城乡点亮，
一步一个脚印，
一步一朵鲜花香，
一步一个故事，
一步一篇新篇章。
说的是商洛供电局王天慧，
担任电力调度控制中心配网调控班班长，
黑发披肩刘海型，
双眼皮，大眼睛，
外秀内慧不张扬，
从学校毕业到局里，
20个春秋一个样，
在人面前话不多，
工作雷厉风行受表扬，
从变电运行到调控运行，

从变电站站长到电力调控中心配网班班长，

紧紧拥抱每一分钟，

恪尽职守向前闯，

干事踏踏实实，

做人坦坦荡荡，

对自己严格要求，

对同事宽厚和畅，

坚持以人为本，

促进一班人文明向上，

常与班里同志谈心，

及时交流思想动向。

配网班是窗口单位，

展现国网人的良好形象，

她与同事一道树立安全发展理念，

做好优质供电服务是首一桩，

文明用语如春天般的温暖，

服务行为热情周到又大方，

解释细心又耐心，

真情暖人心如春花绽放。

（白）她的座右铭是这么四句话：“勤奋是前提，技能是基础，热爱是关键，梦想是动力”。

她在局里工作 19 个春秋，

就是按这个座右铭来做，

她勤奋学习不自满，

学习书本和实际，

《电力系统调度控制管理规程》《电气设备倒闸操作技术问答》《国家电网公司电力安全工作规程 》等业务书籍一大堆。

常常学到五更鸡啼。

她勤奋工作多奉献，责任担当在一线，保人身、保电网、保设备、保供电，她心中装满百条线、千台变，还有客户几十万，柔弱的肩膀挑重担。

她预防为主走在前，定方式、编预案、作预想、搞演练，事故来临不慌乱。

抓培训、提素质，手把手做示范，一点一滴都讲遍，苦口婆心不怕烦。

抓细节、堵漏洞，关注细小找疏漏，规范流程防纰漏，严格审核防疏漏，亲力亲为不遗漏。

她模范带头做示范，认真负责扬正气，团队精神聚人气，还有强有力的执行力。

她不愧是巾帼中的“大丈夫”，不让须眉的排头兵。

（白）2014 年她带领全队 11 名同志，积极配合“三集五大”体系建设的实施，调管 10 千伏线路 74 条、许可设备 19380 台，总容量 328796 千伏安，工作件件抓落实，每个环节有控制，坚持了“安全第一，预防为主”的方针，确保了商州电网运行安全平稳，去年她被评为商洛供电局先进工作者。

（白）她谦逊地说：

“我还要为电力再撒汗水”。

王天慧是个老先进，

年年春绦年年新，

春花鲜艳又芬芳，

始终如一的春天心。

（白）她1999年被商州分局授予“安全生产先进工作者”荣誉称号，

2009年授予市区分局“巾帼英雄”的荣誉称号，

2011年被省公司授予“优秀班组长”的荣誉称号，

2013年被商洛供电局授予“安全生产先进个人”荣誉称号，

年年受奖励不再细表，

她在平凡的岗位上做出了不平凡的业绩，

正是巾帼不让须眉。

她那感人的事儿一大堆，

下面我再说上二三事，大家听仔细。

在她担任金陵寺变电站站长期间，

老天爷经常对她来考验。

有年夏天的一个晚上呼雷闪电，

金陵寺的大雨一条线，

是谁把天戳了个大窟窿，

小河涨水大河满，

到了晚上8点半，

突然主变跳闸，金陵寺停了电，

金陵寺陷入一片黑暗，

她急忙把信息向上级报告，

立即组织大家一起先把室内设备检查一番。

夏天的天是娃娃的脸，

哭呀闹呀很随便。
待到雨小忙出外，
对变压器全面检查细诊断，
排除了故障送上了电，
变电站欢声笑语一片。
她经常节日在值班，
很少和家人过上个团圆年，
2004 年冬天的一天正在家吃饭的她，
忽然手机铃声响不断。
(白) 站上的值班同志来电话说：
“这里雪大如鹅毛，
看不见大地看不见天，
许多树枝被压倒，
线路发生故障被迫停运。”
她听了电话心如焚，
放下没吃完的半碗饭，
她的爱人是一概支持她工作的双飞燕，
立即发动摩托车，
冒着大风大雪不嫌难，
大雪片片扑面来，
寒风呼呼叫不断，
风寒路滑。
(白) 他俩互相勉励：
“一定坚持勇向前。”
距金陵寺不足 20 公里，

他们就行了一小时半，
忘了疲劳顾不上吃饭，
赶紧“上战场”处理事故，
待把事故处理通了电，
她和同事们都成了雪人好似在童话里一般，
高兴的是金陵寺的群众有了电。
（白）她说：
“群众有了电，我的心里安，
作为电力人我们就应急用户所急，想用户所想，
这是我们国网人的心愿。”

不是雨天就是雪天，
老天爷经常给她捣蛋。
天气不好心就急，
2013 年冬天的一个下午，
正在家做饭的她，
接到了值班人员的电话，
说是市区某开关跳了闸，造成名人街、文卫路段停了电。
饿着肚子急急忙忙往办公室赶，
同调度员一起进行事故抢修指挥，制定负荷转移方案，操作指令票的审核，
一直干到深夜 5 点半，
直到检修结束送上电，
她才松了口气哼小调，兴致正浓不知眠。
这样的事情多年来数不尽、道不完，从没半句怨言。

她在商洛供电局已工作了19个春秋，
道不尽的酸辣苦甜，
为了国家富强人民幸福，
再苦再累也心甜，
她的手机24小时从未关过机，
为的是随时听从组织召唤，
同事有事她顶班，
同事患病她去看，
同事过生日她祝贺，
同事有心事她交谈，
一花独秀不是春，万紫千红春满园。
她把班组建成一个温馨的家园，
唯独没顾及到爱人孩子的温暖，
2010年，她送独生子到西安把书念，
让在西安工作的爱人好照管，
现已是高二的儿子读懂妈妈的心，
(白)每到“节假日”她儿子就会问：“妈妈，你是不是又要值班，你要注意保重身体。”
有了爱人的支持、儿子的鼓励，
她心情愉快工作如雁飞向天。
我说书人问她工作的感想，
她说了两句我永不忘。
(白)第一句是：
“我是一名国网人，
为人民奉献理应当。”

（白）第二句是：

“我的父亲就是一位老变电站站长，

我要踏着他的脚印前进永远向上。”

我听了她的这些话感慨颇多，

就写了这个陕西快书给大家说。

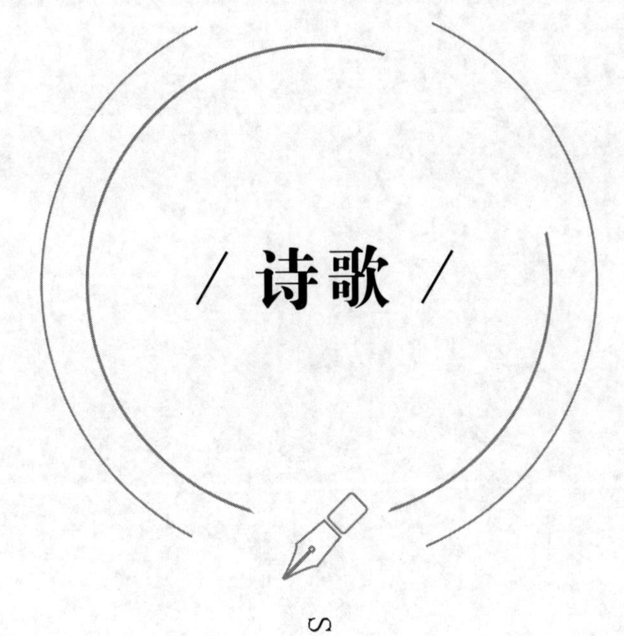

诗歌

SHIGE

我与祖国共奋进

张钊源

多少仁人志士为她抛头颅洒热血
听闻她的名字让人热血涌心澎湃
她就是祖国
似一批奔驰的骏马带来繁花似锦
像一只羽翼渐丰的雏鹰一飞冲天
只因为奋进
汗水　击打着麦浪
闪耀着太阳的金黄
湖光　拥抱着塔影
凌波着淡淡的稻香
蓝天下　巍峨的铁塔俯视着国网人的辛劳
晴空中　整齐的线路聆听者万千家的欢笑
几十年的风雨　洗不掉倒闸室昔日的过往
一甲子的沧桑　淡不去换流站别样的辉煌
野村外　荒草边
变电站巍峨地屹立
寒风起　幽暗中
电网人细致地巡视

风霜　雨雪
染白了他的双鬓
责任　使命
激昂着她的青春
汗水　笑容
浓郁了深深电网情
奉献　梦想
团圆了万家灯火梦
巍巍铁塔耸立在乡间田野和险山峻岭
根根导线贯穿于经济发展的条条脉搏
当汗水湿透衣背
你以伟岸的脊梁挑起了电气化平安运行的重担
当寒风划过脸颊
你用长茧的双手托起了思乡人回家团聚的期望
也许没有人憧憬和理解
你依旧埋头苦干　默默无闻
纵使千百次艰难与锤炼
你一直坚守平凡　造就不凡
一把抹去滚烫的汗水
继续着你崇高的劳作
看　那团圆后祥和的笑脸
因为你在默默地坚守
听　那风雨后雷鸣的掌声
是对你最崇高的礼赞
平凡的手点缀了城市乡村的夜景

真诚的心照亮了昼夜奔波的路人
朴实无华的精神奏响了文明时代的凯歌
劳动模范的品质撑起了和谐社会的蓝天
勇往直前　不惧冰霜
铮铮铁骨　百炼成钢
跋山涉水　满腔热血
驱走黑暗　迎来曙光
每滴汗水凝结坚定信仰
每份付出架起爱的桥梁
梦想在岁月里沉淀
真情在感恩中扬帆
年轻的力量为大地点亮灯火
青春的希望让光明展翅飞翔
前进的号角已经吹响
昂扬的斗志正在激荡
让我们整装出发　迎着新生的太阳
在今天脚踏实地
让明天拥抱辉煌
在国网奋斗不止
愿祖国繁荣富强

新时代电网一流歌

吴长宏

争一流哟　创一流
我站在高高的昆仑山巅
遥问苍天

争一流哟　创一流
我站在蜿蜒的长江黄河岸边
俯问大川

什么是一流
什么是一流

时光如梭
站在光明的新时代
什么是电网人的一流
什么才是一流唱响的歌

一阵风儿轻轻拂过
朵朵花儿绽满山坡

雄鹰飞过
铁塔巍巍地说
昆仑巍峨　秦岭巍峨　太行巍峨
我安然端坐
曾经十几米现在一百多
坚强的体魄
担当的肩膊
任酷暑灼热
任冰雪覆没
我笑看如歌
这就是我的一流我的歌

白云飘过
银线娓娓地说
黄河磅礴　长江磅礴　雅鲁藏布江磅礴
我身影婆娑
江河如何
湖海如何
翩翩起舞
我一笑而过
任烟波浩渺
任狂澜辽阔
我笑看如歌
这就是我的一流我的歌

微风抚过
变压器嗡嗡地说
千万负荷　万万负荷　亿万负荷
我轻松囊括
水火互济
风光融合
电荷激荡
我坦然而卧
任风轻云淡
任巨冷巨热
我笑看如歌
这就是我的一流我的歌

红光闪烁
继电器呢喃地说
秒级动作　微秒动作　毫秒动作
我准确离隔
断路异常
数字模拟
刹那之间
我轻松开合
任电流激增
任电压陡落
我笑看如歌
这就是我的一流我的歌

英姿勃勃
充满阳刚的电网男子汉们说
意志坚强　品格坚韧　执着坚持
我们勇于拼搏
抗震救灾
架线爬坡
一声令下
我们勇往直前
任余震仍多
任高原缺氧
我笑看如歌
这就是我的一流我的歌

身姿婀娜
顾盼生辉的电网女汉子们说
建设有我　检修有我　服务有我
半边天不只是女娇娥
带电检修
荒野值守
万次操作
我标准严苛
任红妆冷落
任风霜蹉跎
我笑看如歌
这就是我的一流我的歌

大手挥过
干了一辈子的老师傅骄傲地说
超高压　特高压　全球能源互联网
每个第一我都干过
大江南北
壮丽山河
世界一流的电网
在我手中建设
任骄阳炙烤体魄
任寒风击打面额
我笑看如歌
这就是我的一流我的歌

无人机滑过
新一代的电网人说
人民电业为人民　实现新的跨越
我们有传承更有拼搏
国内一流
国际一流
创新奉献
我们用忠诚强盛我们的祖国
任风云变幻
任困苦艰难
我笑看如歌
这就是我的一流我的歌

什么是一流
什么是一流
我站在高高的昆仑山巅问苍天
我站在蜿蜒的长江黄河岸边问大川
苍天招手　大川舞袖
赤诚点亮万家灯火
我们用奉献唱出我们的一流我们的歌

说一流哟　唱一流
春光灿烂　山河俊秀
在服务党和国家工作大局的实践中
在一带一路的锦程中
在民族伟大复兴的中国梦中
电网人信念坚定昂首阔步
谱写着走向世界的一流之歌

唱一流哟　数一流
往昔的豪迈俱往矣
不忘初心 牢记使命
三型两网 再开先河
最美的国网人追光筑梦
正奋力唱响着光明世界的一流之歌

诗赞十九大　铸梦电力情

樊　刚

有这样一群人
面对挫折
他们不曾轻言放弃
只为心中的一份信念

有这样一群人
面对荣誉
他们从不狂欢自喜
只为肩上的一份使命

他们紧盯着屏幕上数据的变化
确保指令准确无误地下达
深夜忙碌的身影
只为把光明送到万家

他们热情的接待每一位客户
用爱心温暖你我
脱口而出的微笑关怀

萦绕在城市的每一个角落

他们朝起日落归
他们的岁月写在脸上
钢筋铁骨的阻隔
挡不住他们对家人的思念和向往

他们无私的奉献，内心也有亏欠
多少个春秋不能与父母相伴
多少个岁月不能与爱人相恋
多少个日夜不能与孩子相见

他们的身边是祖国山川
天空是他们广阔的舞台
高山是他们坚定的支撑
江水是他们入眠的伴曲
平原是他们休憩的站点

他们守护着万家灯火的璀璨
他们守护着国人用电的安全
他们为能源插上翅膀
他们为光明铺就康庄

那高山上矗立的铁塔
那沟壑上横跨的导线

那平原上错落的变电站
将东西南北紧密相连

他们一直在我们的身边
他们忙碌的身影随处可见
汗水湿透了他们的衣衫
导线将他们的双手磨烂

他们旗帜鲜明
他们信念坚定
他们砥砺前行

是的　这一切都离不开他们
我有幸成为他们的一员
我可以自豪地大声说出
我是电力人　我们是电力人

从光伏到风能
从火电到水电
从青藏高原到沿海之滨
从蒙古草原到云贵高原

从超高压到特高压
从智能电网到全球能源互联
从北京奥运到上海世博

从杭州 G20 峰会再到党的十九大

胜利召开的十九大
为全国人民勾画出幸福的蓝图
报告中的每一句话
都是老百姓内心的表达

回忆十九大
我的心如美酒甘醇
继往开来的中国梦让我骄傲
“两个一百年”奋斗目标让国人振奋自豪
这样的十九大　是那样美好

“五大发展理念”为社会发展指明方向
中国大地涌动着春潮般的活力
深化改革是我们发展的契机
这样的十九大　是那样美丽

决胜小康社会　夺取新时代的伟大胜利
旗帜被高高举起　飘扬在祖国大地
中国特色社会主义进入了新的时期
这样的十九大　充满了希冀

公司的发展离不开党和国家的支持
保证党对国有企业的绝对领导

就是守住了我们的根和魂

旗帜领航　三年登高
加强基础建设
建体系　夯基础　补短板
我们牢基固本

完善对标管理
全对标　上台阶　提水平
我们凝聚力量

努力争先创优
再登高　排头兵　争先锋
我们勇立潮头

展望二零一捌年
是贯彻十九大精神的开局之年
是“十三五”规划承上启下之年
是公司发展的关键之年

展望二零一捌年
雄关漫道真如铁
而今漫步从头越

在公司党委的坚强领导下

旗帜高扬领航程

万众一心创辉煌

我是电力人　我们是电力人

努力超越　追求卓越是我们的精神灯塔

诚信　责任　创新　奉献

是我们的核心价值

奉献清洁能源　建设和谐社会

不忘初心　牢记使命　加快建设一强三优

我们愿与公司同发展

我们愿为延安电力而努力

为中国鼓掌

邱罗莹

（一）

中国人胸怀的宽广
涵盖银河的蛮荒
比人类文明发展的历史还要长
中国人智慧的思想
胜过深邃的海洋
比宇宙起源的奥秘还要吉祥
中国人丰富的情感
赛过日月的跌宕
比春夏秋冬的风花雪月电闪雷鸣还要多样
中国人美好的理想
超过人间的感知和想象
比嫦娥奔月夸父追日女娲补天还要徜徉

（二）

“一带一路”的战略构想
是中国给世界一个美好的梦想

请张骞乘坐和谐号喝咖啡说说当年丝路的繁忙
邀郑和登上贸易的航船感受感受北斗的导航
从汉唐的长安出发直到欧亚非大陆的浩浩荡荡
昨日路途的遥远和漫长
今日旅途眨眼而过的风光
今天出门不需要更多的银两
因为我们有一个自己的亚洲银行
这次远行无需准备太多的行囊
因为人民币已先行走遍世界的
七大洲五大洋
新的远航也不需要准备太多的词汇量
因为整个世界都在欢迎中国
为来自东方的中国
鼓掌

赞歌国电人

侯蛟翔

泱泱大国五千年风雨筚路蓝缕
巍巍国网十数载春秋艰难竭蹶
新生代华夏子孙谱写中华新篇章
新时代电力儿女铸就国网新气象
国家电网　新中国优秀的孩子呀
奔流的大河为你输送新鲜的血液
炽热的煤炭为你闪烁耀目的光芒
你掌控阳光　指挥风雨
甚至裂变的巨能也能为你所用
但你只愿
让一座座城市通明
让一个个家庭温暖
衣食住行　你无微不至
春夏秋冬　你四季常在
你的成长让世人瞩目　你的明天　我们翘首以盼
英模辈出　树榜样　立标杆
千锤百炼　凝匠心　铸匠魂
简单的事情重复做

重复的事情用心做
所谓匠者
一琢一磨
一创一造
脚踏实地　是我们电网人的孜孜不倦
仰望星空　是我们电网人的不懈追求
夙夜匪懈　完成应尽的本分
求知创新　寻求前进的希望
走进国网
放下的　是牵绊
捡起的　是责任
克己奉公　任劳任怨
是电网人为公司　为国家的鞠躬尽瘁
曲突徙薪　未雨绸缪
是电网人用一行行血泪换来的杜微慎防
步线行针　一丝不苟
是电网人在工作现场对用户的不让之责
听吧
精诚团结的员工之家里传来了阵阵欢声笑语
看呐
共产党员服务队又走进了群众　为他们排忧解难
你用电
我用心
国家电网

为人民供电

为群众织网

逢难弥坚电力飘摇路艰难玉成

历久弥新国企新时代再创辉煌

只为灯火辉煌

张　晶

暮色降临　华灯初上
璀璨的星光辉映城市的辉煌
月光皎洁　云水清凉
锃亮的银线撑起电网的脊梁

钟铃急促　叩击心房
清整的工装掩去红妆
即刻出发
在崇山峻岭间　在银线铁塔上
高耸入云的巨笔
在天空抒写豪情慷慨激昂

黎明悄至
晨钟鸣响
当睡眸惺忪的大地
敞怀拥抱清晨的
第一缕阳光
当城市褪去霓虹彩裳

电力使者仍坚守岗位
用汗水确保城乡　大地血脉通畅

多少个日日夜夜
他们无法和家人
在庭前团聚
多少个朝朝暮暮
他们无奈双目沁满愧疚的泪光

他们　把光明的交响
在凌空飞架的银色五线谱上演奏

他们　用坚实的臂膀
担起改革发展经济腾飞的新篇章

他们无畏艰险
将青春献给光明
他们砥砺奋进
将责任铭记心上

不忘初心　牢记使命
努力超越　再创辉煌

祖国啊　祖国

李艳丽

每每想起祖国这个字眼
我的心海就会荡起波浪
祖国究竟是什么
我曾这样问自己
一遍遍地问自己

祖国是什么
哦　看　那世界的东方
正在腾飞着的巨龙
她就是我亲爱的祖国
它有一个响当当的名字
那就是中国

一想起祖国
我的眼前仿佛就有五星红旗迎风招展
一想起祖国
我似乎看到了那波澜壮阔的历史长卷
已从那五千年的时光隧道里铺展开来

一想起祖国
我仿佛看到了祖先钻木的火种
正辉映着那甲骨文上面沧桑的纹理
一想起祖国
我恍若听到了那些古圣先贤们的哲思妙语
哦　这一想起祖国啊
我忽然就想起
那个“天子呼来不上船”的李白
还有那被闻一多称为“诗中的诗　巅峰中的巅峰”的
《春江花月夜》
我还想起了那写下
“人生若只如初见　何事秋风悲画扇”的
纳兰性德

哦　祖国呀
你悠久　厚重的历史文化
滋养了一代代华夏儿女
回望
那秦皇汉武的霸气
那成吉思汗的铮铮铁骑
以及一代伟人毛泽东的文韬武略
还有习近平“一带一路”的胸怀和智慧
哦
这些璀璨着神州大地
照耀着华夏文明的名字

是他们不朽的功勋
演绎并串起了整个华夏的历史盛况
也顽强地支撑起我们中华民族不屈的
伟大脊梁

想起祖国
我就想起了那“一夫当关　万夫莫开”的古长城
一想起祖国
我就想起了那“黄河之水天上来”的豪迈
想起祖国
我就想起了那“从远古走来　巨浪荡涤着尘埃”的长江

想起祖国
我就想起了那震撼世界的港珠澳大桥
一想起祖国
我就想起了华为
想起了那个了不起的任正非

哦　祖国呀　伟大的祖国
我这会儿想起你
就想起了那个让我们骄傲
也让我们自豪的声音
谈　可以
打　奉陪
欺　妄想

祖国啊　我亲爱的祖国
你这条腾飞着的东方巨龙
就是引领世界的风向标
你那高悬天空　迎风飘扬的五星红旗
就是我们华夏子孙永远仰望着的方向

只因你是一名电力工人

王凤静云

如果你不是一名电力生产工人
你不会有这样的生活体验

你不会在寒冬的凛冽里登上杆塔
在穿越崎岖道路后
用熊熊的热情保护着线路

你不会在酷暑难耐下穿梭在变电站
在穿上全套工作服后
用流淌的汗水坚守着设备

你不会在春检秋检里忙得焦头烂额
幻想着把自己拆成两半
把时间一分为二
为迎峰度夏　迎峰过冬打下坚实的基础

你不会在某些熟睡的夜晚被电话吵醒
迷糊中背起抢修包奔赴事故现场

背负所有人的期望
为他们送上光明

你也不会二十四小时待命
节假日舍弃与家人团聚的温馨
咽下苦涩的想念
坚守在工作一线

只因你是一名电力工人
你要吞得下苦
扛得起累

撑起肩膀
甘之如饴
争当骄傲的蓝领工匠

我爱你　中国

刘雅萍

我爱你　中国

我爱你幅员辽阔　地域广博

我爱你灿烂文明　源远流长

那一年的十月一日

一声铿锵有力的湖南方言　响彻寰宇

中国人民从此站起来了

尝试　探索　跌倒　爬起

也曾捉襟见肘　也曾举步维艰

东风吹来满眼春　中国终于迎来拨云见日的一天

迈出了改革开放的新步伐

“主权问题不容商议”

一声掷地有声的四川口音　不容置疑

香港澳门游子回归　“一国两制”顺利实施

一句话　可以改天换地

一句话　可以重塑历史

真正的站立从此开启

我爱你　中国

我爱你长江奔腾　黄河咆哮
我爱你长城蜿蜒　五岳巍峨
江山如此多娇　引无数英雄竞折腰
大漠　山川　江河　湖泊
九百六十万平方公里
散落的是壮美　摇曳的是风姿
“发展才是硬道理”　似乎还在耳边响起
当年的小渔村　已高高矗立成一座美丽的城市
深圳速度　为世人惊诧
前行的脚步势不可挡
所有的目光　都在凝视着同一个方向
看三峡工程开天辟地　观奥运圣火举世瞩目
中国人民唱着“春天的故事”　走进新时代
国泰民安　国富民强
“一带一路”书写着富起来的伟大篇章

我爱你　中国
我爱你塞北风光美　江南鱼米香
我爱你创造奇迹多　人间温情暖
从衣不蔽体　食不果腹到丰衣足食
中国人过上了好日子
拉一把　扶一程　脱贫攻坚吹响共同富裕的嘹亮号角
四个自信　两个百年
中国正被前所未有的速度和激情点燃
从两弹一星到青藏铁路　从高铁到特高压

港珠澳成就桥梁界的珠穆朗玛
天宫　蛟龙　人工智能
从中国制造到中国创造
从往日的跟跑者到今日的领跑者
中国已然今非昔比
科技创新奏响了强起来的时代交响

我爱你　中国
我爱你一方有难八方支援
我爱你一呼百应众志成城
突如其来的汶川地震　考验着每一个中国人
多难兴邦　让中华民族更加坚强
毁灭　重建
一颗颗炽热的心
一双双温暖的手
凝聚成一股强大的力量
传递着人间大爱　世间真情
这力量　让我们不再惧怕灾害与列强
这力量　让我们昂起头颅　挺直脊梁
站起来　富起来　强起来的中国人
有爱的纽带将彼此紧紧相连

七十年　有多少梦想变成现实
七十年　有多少辉煌载入史册
人民不会忘记　山河不会忘记

有一种胆略
“敢教日月换新天”
有一种情怀
“我是中国人民的儿子”
有一种胸襟
“我将无我　不负人民”

天地动容　日月惊叹
所有的祝福化为春风　化为阳光
化为心底深情的表白
我爱你　中国

电力中的“大江大河”

穆雪园

看　那勤劳朴实的母亲
坐在炉火旁
借着微弱的煤油灯
给远在家乡的儿女做新衣

那一排排宽敞明亮的教室
孩子们朗朗的读书声
夜幕下的灯光
带来了渴望知识的力量

东海大桥的风
吹散了都市的忧愁
一台台风机不知疲倦
向人们输送最清洁的能源

高原上的光伏电池板
满载火热的温度
积蓄能量

带来大自然最有力的温度

一位位身着工装的电网人
跋山涉水
穿梭在祖国大江南北
只为将那一盏盏亮光送给每个幸福的家庭

电 网 长 歌

常菊叶

不要嫌我满手老茧
不要笑我汗重衣衫
我肩上的责任是供电
我的情怀是奉献
我与你
只是一线相牵
而我的信念
却被电网的热度融化
被共同的梦想填满

记得童年
有一群线路工人扛着导线
喊着号子流着汗
排成队一步一步爬上山
在高山流水之间
筑起伟岸的杆塔
架起琴弦一样的导线
从此我的家乡有了电

改革开放
电力先行
百姓生活有了新发展
晚上不再用油灯
小山村也有了加工厂
农民也做了企业家
父亲告诉我那就是电网
从此它便是我眼中最美的建筑
是我的诗和远方
是我人生长河里流淌着的暖

终于有一天
我成为一名国家电网队伍中的一员
亲自见证坚强智能电网的发展
“十三五”两年攻坚战
国家电网攻坚克难
助力大众创业万众创新蓬勃发展
充分利用遍布城乡的廊道资源和空间资源
壮大电网规模
提升电能质量
将电网从以前的独立分散弱小
逐步建成全国互联互通互供
统一的智能大电网
针对能源安全及生态环境问题
广泛接入新能源与清洁能源

充分发挥电网基础平台作用
大力实施电能替代
推动绿色能源转型
支持美丽乡村与智慧城市的发展
助力“一带一路”建设
优化营商环境
卓越服务提升百姓幸福感

近年来
国家电网积极投入脱贫攻坚战
国网阳光扶贫行动
精准施策　帮贫扶困
助力扶贫产业发展
支持光伏发电
十九大精神指明了新方向
新时代新征程中
新的历史使命在召唤
国家电网守正担当
创新创效谋发展
我是
国家电网队伍中的一员
我把对电网事业的热爱
化作光和暖
倾注于那一条条导线
传递到你身边

不要嫌我满手老茧
不要笑我汗重衣衫
虽然我与你只是一线相牵
而我的信念
已被对电网的热爱融化
被共同梦想填满

光明　电力人的梦想

潘世策

每个电力人都有一个梦
一个点亮千家万户的光明梦
一个遍布祖国大江南北的希望梦
一个温暖着十四亿中华儿女的梦

中国电力从无到有
从小到大　从弱到强
力推改革开放经济腾飞
社会主义建设欣欣向荣

1882 年
上海 12 千瓦发电厂诞生了
开辟了中国电力史上的先河
点亮了祖国希望的梦想

1912 年
中国第一座水利发电站
石龙坝水电站正式投运

480 千瓦刷新了中国水电建设里程碑

1949 年后
电力建设持续腾飞
电网在祖国大江南北上
崛起　崛起　不断崛起

你看　在祖国广袤的大地上
一座座水力发电枢纽悄悄崛起
风力发电　光伏发电　太阳能发电
这些无形资源是祖国最宝贵的财富

一座座变电站拔地而起
一座座铁塔挺立在山冈上
一条条输电线路翻山越岭
一串串绝缘子连接了电力人的情结

一排排电杆就像一个肩负责任的哨兵
认真履行着传递电能的光荣使命
电力线路的五线谱
弹奏出了电力人心中的光明

遍布在祖国山川沟壑的平原上
到处都留下了电力人的脚步
星星点点的燎原灯光

点亮了人民群众生活的希望

三公开　四到户　五统一
户户通电农网改造升级
城网农网城乡统一电价
阶梯电价实现公平合理用电

电气化村　电气化乡　电气化县
推进了城乡电气一体化
新时代的电器走进了普通百姓家
家家户户用上了安全电　放心电

特高压诞生骨架联网
智能电网建设推进普及
青藏联网工程建设投运
实现电网建设世界之最

新疆与西北主网联网
750 千伏双回路第二通道
第一条穿越盐湖的高压输电线路
实现煤从空中走　电从远方来

如今　电力成为人们生活的希望
成为社会前进发展的动力
闪烁的霓虹灯绽放在城市乡村上

为工农业生产的发展增添光辉

自然灾害的连年发生
电网遭受严重的损毁
电力人前赴后继重建光明
为社会的和谐稳定作出了积极的贡献

我们的电网还不够坚强
我们的设备还不够完善
我们有信心有决心建设好坚强电网
让光明温暖着千家万户

期待自然灾害少一点
梦想智能电网建设快一点
让璀璨的明珠在祖国广袤的大地上
传递着电力人的正能量

我们是夜里的光明
我们是黎明前的开关
我们自豪是光荣的亮丽使者
我们骄傲用汗水点亮了百姓心中的长明灯

我与祖国共奋进

陈冠宏

五千年风雨沧桑　八千里锦绣河山
惜秦皇汉武盛世　忆文景开元之治
亦曾城下之盟　受尽欺凌
而今屹立在世界民族之林的高峰
这就是我伟大的祖国
你是一位艺术家
描绘出一幅幅宏伟的蓝图
你是一位作曲家
谱写出一曲曲优美的乐章
七十载开拓进取　百余年砥砺前行
迎来了祖国的繁荣昌盛
古老又年轻的共和国
你是我的最爱
我爱你广袤的大地
我爱你勤劳的人民　繁荣的经济
与共和国共奋进
与国网共奋进
是我们当代青年员工的心声

开创世界一流能源互联网
等待着我们去铺设构筑
创建世界一流示范企业
等待着我们去辛勤耕耘
中国梦的美好愿景
等待着我们去实现完成
报效祖国
需要我们开拓创新
奉献社会
需要我们学好本领
忠诚企业
需要我们勇攀高峰
服务用户
需要我们竭尽忠诚
今天　在习近平总书记的英明领导下
中国特色社会主义引领下
勤劳的国网人
奋进的国网人
久久为功的国网人
正是我们奋力拼搏的时候
正是我们守正创新的时候
正是我们担当作为的时候
“三型两网　世界一流”
是我们前进的信仰
是我们勇往直前的目标

"一个引领　三个变革"
是指引我们的灯塔
是我们百折不挠的力量
努力超越　追求卓越
这永恒不变的信念
定使公司经久不衰　再创辉煌
定使我华夏盛世　国祚绵长

把汗滴在滚烫的大地上

田雪纯

我是额头上的一滴汗珠
晶莹剔透　亮的晃眼
我拖着长长的尾巴　穿过眉间
滑过黝黑　粗糙的脸颊
重重地摔在滚烫的大地上
“哧溜”一声　如烟消散

我不只是一颗普通的汗珠
我是一颗坚毅的汗珠
萌生于炎夏　源源不断
滑过安全帽的绳扣　滑过拿起扳子的手
我轻轻贴近他们的身旁
贴近他们的脸庞　看到的是一双坚定不移的目光
贴近他们的胸膛　听到的是坚持不懈保电力的决心

我是脊梁骨上的一滴汗珠
浑厚圆润　朦着水汽
我们紧紧相拥　汇成流淌的小河
犹如脱缰的野马　在脊梁上纵情地奔跑

又一次打湿了浸满汗渍的工装

我不只是一颗普通的汗珠
我是一颗智慧的汗珠
出生于二十世纪　源远流长
滑过点亮古老文明的新街灯　滑过点亮多彩电力生活的新繁荣
我静静淌在他们身上
淌在他们刻骨研发的心中　散发着学识渊博的气蕴
淌在他们技能娴熟的手中　倾吐着实践积累的真知

是的　他们就是深扎岗位的电力工人
我是他们身上的一滴汗珠
包容着暑气熏蒸的炎夏
凝结着傲骨不屈的霜雪
传承着繁荣电业的重任
弘扬着艰苦奋斗的精神

祖国河山　万疆阔土　无处没有我们的印记
屹立青藏高原的最高铁塔
洞穿万丈深渊的海底电缆
供给城市之光的地下迷宫
他们在哪儿　哪儿就有我们
挥洒汗水在祖国的热土上
拨中心血在电业的发展上
艰苦卓绝　默默无闻
向祖国万千电力工作者致敬

春节大雪抢修

常菊叶

（一）

大雪纷飞

春天如期归来

狂风吹落树枝　压断导线

在这举家团圆的日子

你在大山深处对光明的期盼

无辜地被冰雪阻隔

我心急如焚

决然和它拼了

（二）

所念隔山海

山海皆可平

风雪它却不懂

每一公里路的艰难前行

都会缩短我与你之间的距离

靠近

再靠近
直到带着光明来到你身边

（三）

虽然
车轮的方向不是家的方向
但儿女情长
抵不过你对我的期盼
冰雪又能如何

甘蔗林里笑声朗……

——写在中国人民抗日战争暨世界反法西斯战争胜利七十周年

邱罗莹

引

南方的甘蔗林哪　南方的甘蔗林

你为什么这样香甜　又为什么这么严峻

北方的青纱帐啊　北方的青纱帐

你为什么那么遥远　又为什么那么亲近

我们的青纱帐哟　跟甘蔗林一样地布满浓荫

（一）

我青年时代的战友啊　青纱帐里的亲人

在抗战胜利七十周年的今日啊

你可看到天安门广场上欢庆胜利的人群

我青年时代的伙伴啊　甘蔗林里的兄弟

在抗战胜利七十周年的今日啊

你可听见郑重的宣告　正义必胜人民必胜和平必胜的声音

无论是青年的伙伴还是年轻的战友

无论是青纱帐里的亲人还是甘蔗林里的兄弟
在抗战胜利七十周年的今日啊
国家和人民特邀你们出席在祖国首都举行的隆重盛会
请你们享受元首的待遇
再听一听七十响礼炮的声音
请你们站在世界上最大的广场
再说一说独立与和平的珍贵
请你们沐浴胜利的阳光
再洗一洗抗战硝烟的征尘
请你们感受祖国的强盛
再理一理银发鬓斗的精神
请你们接受崇高的敬礼
再看一看中流砥柱今日的军威
请你们登上庄严的天安门
再摸一摸人民英雄纪念碑
请你们走进崇拜英雄的人民
再端一端胜利庆功的酒杯
请你们颐养天年安心称心
再品一品绿水青山的观音
请你们在老有所乐的梦里
再梦一回中国梦振兴梦的精美

（二）

北方的青纱帐啊　北方的青纱帐
七十年的岁月啊

七十年前的时光
你为什么令人难忘
又为什么叫人诉说衷肠
当日寇的铁蹄踏进东北
三千万父老背井离乡
当“七七”事变的枪声打破投降派的幻想
四万万同胞同赴疆场
当白山黑水间枪声不断
那是抗联的英雄们把战歌高唱
当平型关伏击战斗打响
那是中华血肉长城不屈的倔强
当攻城来犯的敌军被打得马翻人仰，
那是国军用生命守卫台儿庄
当放羊的王二小把鸡毛信送给八路军的团长
那是敌人陷入人民战争的大海汪洋
当东北抗联的八名女战士视死如归决然投江
那是一个民族不可战胜的绝唱
当关中八百冷娃奋身跳河以示抵抗
那是一支军队用生命捍卫母亲难忘的担当
当琅琊山五壮士奋身跳崖英勇悲壮
那是一个个军魂拯救祖国的开场
当 38 岁的戴安澜将军忠魂命亡
那是一群群壮士征战异国他乡的徒伤
当 37 岁的左权将军突遇不祥
那是将士热血书写百团大战的辉煌

当两枚原子弹在弹丸岛国轰响
那正是丧钟为宣判日寇天皇
当十四年抗战胜利使人们欣喜若狂
那是百年优秀儿女用热血和生命雪耻了国殇
当 1945 年全球照遍胜利的曙光
那是正义与和平的太阳升起在世界每一个地方

（三）

经过战火的洗礼与彷徨
迎来民族的独立与解放
无论是北方青纱帐里的坚决抵抗
还是南方甘蔗林里的幸福甜香
那都是中华民族大国崛起的历史与辉煌
六十六年的建国啊　六十六年的劈波斩浪
北方青纱帐里的丰收景象
那是当家做主人的喜气洋洋
南方甘蔗林里的笑声朗朗
那是特色社会主义的改革开放
无论是北方还是南方
都是可爱的祖国我热爱的地方
北方的高原春夏秋冬种满希望
那是庄稼汉不交税收为自己种粮
南方的田野四季瓜果稻谷飘香
那是改革春风吹拂先富的鱼米之乡
三十年的改革啊　三十年的开放

我们的国家就像凤凰涅槃一样
从新时代的曲折中总结经验汲取力量
从新世纪的挫折中激清扬浊明确方向

（四）

人民对美好生活的热切向往
就是我们共产党人奋斗的方向
为世界五分之一的人提供口粮
这是世界经济发展创造奇迹的榜样
三十年走过发达国家几百年的沧桑
这是中国给世界发展最强的力量
北方航天基地通宵达旦的繁忙
那是一箭多星在太原起航去问鼎宇宙的苍茫
南方航海灯塔发出正义的光芒
那是中国南海坚不可摧的国防
北方的《我爱你中国》和南方的《一条大河》深情地演唱
都唱在每一个中华儿女眷恋母亲的心上
南方彝族舞的悠扬
已传遍北方所有跳广场舞的城乡
伴着锅庄舞秧歌舞载歌载舞的欢畅
那是老百姓心中实现中国梦起航的地方
五十六个民族五十六支音乐的交响
那是富裕幸福生活的各族儿女在用心唱
歌唱伟大　光荣　正确的
共产党

让我们插上理想的翅膀

朱祥文

我是远山顶端的铁塔
云是我的翅膀
根根银线是我的血脉
带到远方的是一片片光亮

我是大山深处的电杆
风是我的翅膀
多少个雷雨交加的不眠夜
点亮着星星点点的村庄

我是静立路旁的变压器
路灯是我的翅膀
城市夜晚的霓虹是我的梦想

让我们插上理想的翅膀
编织这张神奇的电网
为了工厂转动的机器
为了点亮千家万户的灯光

春检中可爱的人儿

田雪纯

山间里　小路旁
巍峨的铁塔　一条条银线
是我们最熟悉的“伙伴”
不畏难　不怕苦
专注的神情　一句句叮嘱
是我们最亲密的“家话”
阳春里　社区忙
细致地服务　一份份手册
是我们对社会的承诺
贴心话　暖心田
岗位的坚守　一次次为用户的排忧解难
是我们坚持不变的宗旨
现场间　设备边
严严整整的安措　规规矩矩的服装
是我们必须遵守的“约定”
遵章规　守纪律
攻坚克难的决心　用心治学的态度
是我们追求卓越的永恒精神

个 人 空 间

赵媛媛

天空清澈的蓝
用几朵白云装扮
温柔的光线
透过我的窗帘

这是我的空间
思绪任意蔓延
记忆的珠链
一下子断了线

儿时的期盼
好像并不遥远
梦中的一切
仿佛就在身边
烦恼与忧愁
不再拨动心弦
孤独与寂寞
留给别人买单

因为我在个人空间
缥缈如雾
悠然如烟
美好的一天
不设定终点
因为我在个人空间
轻松如风
快乐如仙
还可以拥抱美梦
静静地入眠

一个美丽的名字

潘世策

一个美丽的名字
它叫特高压
绽放在中华大地
悄悄地传开

一夜之间传遍了世界
不可思议
中国诞生了特高压
世界人民为之震惊

从此　一个惊人的奇迹
在几千名院士　专家精心呵护下
反复试验反复研讨攻克多项技术难关
在建国六十周年为祖国献上一份厚礼

特高压的诞生
实现了从理论到实践的跨越
书写了世界电力发展史上崭新的一页

是中国电力人的殊荣

一项重大科研成果的突破
标志着一项新的科研成果孕育而生
科学家们不遗余力地攻坚克难
为一强三优坚强电网做出新贡献

那一座座雄伟壮观的铁塔
就像矗立在天际间的一座丰碑
嵌刻着科学院士　专家们的丰功伟绩
刷新里程碑上的纪录

那一条条闪着银光的电力线路
穿越时光隧道气贯长虹
就像是一架崛起的五线谱
弹奏出一曲曲和谐音符

2009 年 1 月 6 日
那个刻骨铭心的日子
真实地记录了科学家们付出的汗水
更是接受祖国和人民的一次检阅

中国的电网
从无到有　从小到大
一直走向了世界巅峰

中国人的科研成果绽放在世界上

如今
我们站直了说
特高压是中国人的骄傲
那个响亮的名字将镌刻在世界的丰碑上

圣　地

付　静

耶路撒冷　三教的圣地
这里曾是世界的中心
因为是上帝的应允之地
人们前赴后继　朝圣这里
住棚　割礼　施膏　洗礼
伟大的先知　大卫的后裔
抢夺这里
应允之地变为末日的开启
圣殿山重叠的遗骸　破败的围墙
藏着数不尽的秘密
可惜　可惜

延安　中国革命的圣地
这里曾是荒凉的土地
因为共产主义的根据地
人们前赴后继　奔向这里
入党　宣誓　无产　革命
伟大的领袖　革命的先驱

改变这里

黄土高坡变为江南的田地

南泥湾密集的稻田　美丽的麦穗

散发着正义的光明

美丽　美丽

深读梁家河有感

付　静

梁家河　是个有大学问的地方
他　在哪
三山五岳　普陀宝刹
文人墨客　名胜古迹
商厦楼宇　嘈杂市井
都没有
他　偏居一隅
黄土高原　山多地少
窝头团子　酸菜洋芋
妇孺羸弱　老汉佝偻
1969 年　这里是中国最穷苦的地区
横排穴居的窑洞　微弱晃动的油灯
那时　我还不知道这里

我爱这里　因为是革命圣地
美好的想象却被现实击得粉碎
没有长安街壮丽
像是出了城的郊区

黄土　漫天的黄土
奇妙地和每个人融为一体
原来　这就是父辈说的延安
未来的命运在哪里
公社却只给了我一条白毛巾
像星星一样散落到各个生产队

陌生的环境　不信任的言语
家人的离去　孤独的身影
生存还是毁灭　我挣扎在这个问题里
却忘记了　我只有十五岁

几个月后我返回北京
被迫埋完了海淀的排水
从那时我下定决心
扎根农村　不再回去

团结　是父亲的教诲
首先　我要快速转变　融入这里
没有高高低低　没有看得起谁　看不起谁
为人和气　出工出力
乡亲们接纳了我
而我也成为他们了解世界的一双眼睛

1974年

我光荣地加入了中国共产党
这一年　我刚满 20 岁
大队推选我成为党支部书记
这是我人生的转折点
并下决心要改变这里
打坝　沼气　水井　铁业社
昼夜不停地工作　学习
大家完成了不可能完成的事情
梁家河　成为了社会发展的缩影

七年时间
在这个无人知晓的小村落
我度过了人生最有趣的时光
我爱这里
爱这里的静谧
在小小的窑洞里看书
与大师交流　向世界看齐
如同雨季后的草原
云淡风轻　水草膏腴

我爱这里
爱这里的伟大
延安是中国革命的圣地
大家奔赴这里
满怀信仰

忠于共产主义

我爱这里
爱这里的生活
抗麦　打柴　放羊
在乡亲家的脑畔上
簇拥一起
谈笑风生　畅谈古今

我爱这里
爱这里的一切
因为我人生第一步所学到的东西
都在这里

帮扶随记

付　静

两年前
我帮扶延安供电局
短暂的告别后　迎接新的环境
我怕我不适应
陌生的地域　陌生的空气
还有那浓重的口音
简单的打理后
便步入工作的岗位
新的同事　新的面孔
大家纷纷前来　握手相迎
你说一句　他说一句
你刚来这里　有什么困难，尽管提
大家热情似火　让我打消了顾虑
慢慢地　我逐渐融入这里
工作得心应手　大家配合默契
生活开始适应　并且逐渐喜欢这里
壮观的山峦　清新的空气
还要越发可爱的口音

作为一名共产党员　来到延安
去了梁家河　感受学习
习总书记曾在这里插队
整整七年　坚守在这里
干活　看书　学习
没有一句怨言　并立志改变这里
作为一名党员
国家电网的员工
我深感歉意
相比之下
帮扶工作要好百倍
不用住窑洞　不用下苦力
试问
还有什么理由不努力
作为一名国网人
我要转变观念　提高觉悟
帮扶工作是使命　不是任务
时刻怀揣着国网精神
不忘初心　砥砺前行
继续奋斗　永不满足

相　思　树

李　霞

（一）

为了这无约的邂逅
我伫立
伫立成一棵期盼的树
一棵期盼的相思树
等待的叶在惆怅中
无所顾忌地疯长
思念的根在煎熬里
或许相见茫茫然然
或许重逢缥缈虚无
我却执意着伸展着枝丫
枝繁叶茂地翘望
哪怕等来一缕就一缕
你千里万里之外的芬馥
足够我沉醉千年的轮回

（二）

打开记忆的窗户

你清晰地呈现在我的眼前
那执着的眼神
久久地萦绕在我心灵深处
感觉中你就在我面前
现实里的你却离我那般遥远

无数个夜晚
我无言的感谢着缘分让我们相遇
无数个夜晚
我枕着你的声音入眠
无数个夜晚
思念成了我的习惯
无数个夜晚
牵挂汇入我的思想

站在记忆的窗前
却仿佛跋涉千里
只因为有你
一个人的思念
一个人的河
一个人的深渊
静看星月同辉
闪烁着你的名字
我只能拼命忍着泪
怕消失那尘封的思念

距离不再是我们的敌人
无论千山和万水
你总是浮现在我眼前
把自己钉在方格纸上
却放飞自由的你和属于你的翅膀
无论季节的变迁
你总是鲜活地保存在我的心田

夜色沉沉阴影笼罩
黑暗中一个思念的身影
隔断天幕的黑暗
星星残留的光晕
是你的眼睛吧
一丝丝的凉意
从夜的寂静中蔓延
你消失在我的世界
我却依然感觉到你的光

童 年 好 友

赵延红

打开相册夹

翻了又翻　我找不到你的踪影

搜索记忆的山川

一遍一遍　你的痕迹是那么少

二十几年后的今天　我们偶遇街头

蓦然间　你的一切原本那么深地刻在记忆中

连同那童年模糊的点点滴滴　都因你而支脉相连

你是我童年的好友　懵懂幼小时就在我的心间驻扎

时光荏苒　潮起潮落

人生的旅程中我们越走越远

历经岁月沧桑　时代变迁

从那个艰苦纯真年代步入黄金岁月

已从稚嫩无知走向成熟优雅

我踏过千山万水

挥手间想你在哪里

也许我们曾无数次擦肩而过

却不曾发现原来你就在身边
一直在我的心底
你是我童年的好友
是我一生的挚友

徒　步　归　来

——2012年徒步穿越黄龙森林

赵延红

回来的时候天气突然变得阴沉
你带着满满的情感
拖着疲软的身体归来
遍踏了色彩缤纷的黄龙森林
置身于斑斓梦幻的仙境
尽享了山野秋景
不知是谁的手笔竟会如此超凡
将浓浓的颜料随手一泼
人间遍是这般千颜万色目不暇接

美景留在了心间
你徙步的艰辛留给了身体
想拥抱着你　让你归来不再疲惫
想拥有你所有欢喜哀愁
爱着你
所以心甘情愿让身体疲惫
让心感染美的气息

雪的记忆

赵延红

白色纱帘纷飞蒙面
欲揭开苦不能
任她　这雪的精灵
用温柔似水的手
轻抚你的发
亲吻你的额
和你红扑扑的脸
触摸你冰凉的手
倾听你缓缓地呼吸
顷刻间拜倒在你的脚下
最后
却又彻底将你掩埋

肩并肩
手牵手
这洁白的世界啊
在你面前
任何花言巧语毫无用武之地

多少美丽的文辞黯然失色
经典的剧情都显得那么老套
那精彩的镜头与你相比又过于做作

这圣洁的雪啊
恋那串串深深浅浅的脚印
难舍爱人会心的微笑
以此镌刻美丽永恒的记忆

方尖碑与铁浮屠

——关于铁塔银线的新意象

刘 涛

终于卸尽腴润易锈之皮肉
树立起不坏筋骨
那与群星比肩的力量
皆因她已铸锻成钢
以高不可攀的孤寂
挺立至高高的山梁之上
昂起不可一世的头颅
抵向夜的胸膛
埃菲尔铁塔之裔
以第一芭蕾脚位羞怯站立
向我的全体感官开放
拖曳黄绿红的三色魔发
沿夜潮拍动的岸
绵绵山峦行吟
黄是天狗用舌头送出噙着的橙月
是尊贵诗人的荣冠
绿是拨弄起来万物茁然强壮的阿波罗之琴

以及盛满光矢的箭韬上点缀的月桂树叶
红是娇柔美丽玫瑰色的焰火将熄
是抖落尘埃的火焰驹奔腾扬鬃
秀发不必如瀑
浴乎紫蓝色的粼粼柔波
穿戴猫头面具
对视附赠的无知
搭上缪斯之指的悸动之触
转动铁肩起舞
接通狂飙的温柔之河
点燃光辉
熊熊燃烧的是她的发
甩出星光颤动
从头到脚周身辉煌的灯塔
不容浮海而来的鸥鸟安憩
拨动象牙色的瓷念珠
面世一如面壁念念了因绝缘
本杰明富兰克林之方尖碑
太阳为她赋形
尖顶顶着光明蜜巢
甜腻之光流动我们富足昌明
尼古拉特斯拉之铁浮屠
是出离幽冥的唯一通路
是普罗米修斯以来的最大救赎

是刺向天穹之剑

斩落奔逃的雷音谬说

是麦哲伦征帆之索

缚住闪电栗栗颤抖的自然伟力之呼喝

光的密钥

刘涛

所有属于我对世界的想象

都是沙漏里时间的飞沙长吹

完成一域容器的充填

鉴于先填满自己的当然

循着长进掌纹里的路

脚步以其所踏之石说话

空漠的冷眼望过曙色　暝色

透过窒闷着火焰　红亮的心

打开仿佛幽晦暗格里啜饮的卓越之光

拽动滞重的心轮成星

星星的模样是光

在感到太多的东西要命名的时候

由光来将万物赋形

星型　角型　鼓型　酒杯型

繁盛起来将我涵泳

满掬光河

令我们尘心方炽

五十赫兹同频的感觉颤动

宛然以弦波俘获世界

卓越　创新是我们世界的箴铭

是光的密钥

小 翠 赏 雪

王建康　陈步蟾

小翠姑娘二十三
毕业回乡当村官
青春朝气满庭院
银铃笑声人感染
脱贫攻坚忙发展
一天到晚事没完

她骑一辆摩托车
如插翅膀忙穿梭
争项目忘饥忘渴
家电下乡在腊月
百户人家电气化
家电增加三百多

那一天
下大雪
她在院外与人把话说
不进门他俩在说什么

奶奶说要去听个明白
爷爷瞪眼睛敲着烟锅

小翠回屋端开水
说她在外独赏雪
奶奶向她戳指头
不要冻坏那小伙
小翠听了笑呵呵
请那小伙进屋坐
爷爷说
这小子我见过
就是给咱村拉电的负责人
名字叫什么什么小郭

小郭说
打搅了　老大爷
新农村里家电多
天下大雪超负荷
今天冒雪测电压
看它们能不能正常工作着

小翠给奶奶挤了挤眼
忙给爷爷递个苹果
人家是国网人心里亮堂
为咱村用好电顶风冒雪

赶快来暖暖手歇一歇脚
喝口水说说话再忙工作

小郭听忙摆手说有规定
给乡亲服好务不能吃喝

霓虹迷宫

吴鹤

躺在大学的操场上
看星星
远处　只有霓虹灯
偶尔
有轰隆隆飞过的飞机声
一闪一闪亮着灯

有人
在夜色的操场上放风筝
飘在头顶
也有彩色的指示灯
闷热的夏夜
几缕清风
大大小小
远远近近的霓虹

灯里的美丽
灯外的繁华忘记了
缺席好久的星星

汉江明珠赞歌

马艳菲

滔滔汉江水
在此汇聚待发
雄壮的大坝
高挺坚实胸膛
轰隆隆的水轮机
旋转　旋转
银线满载新鲜的电量
奔向光明之塔
点亮四海　照亮四方

那一年
改革开放日新月异
安康水电站投产发电
从此　大坝屹立秦巴汉水间
从此　汉江明珠耀眼大陕南
一次次洪水咆哮
是你　在科学调度下
用伟岸的身躯挡住灾难　守卫家园

一次次酷暑干旱
又是你　提前蓄水未雨绸缪
用源源不断的活水汇流　浇灌麦田
一次次盛大龙舟节
还是你　放水截水灵活切换
老百姓们锣鼓竞舟乐欢颜
不惜奋战的水电人啊
扎根湿暗的水下战壕
不分白天与黑夜
只懂坚守与奉献
守卫一方水土
建强国家电网
这份责任与担当
牢牢记心间

三十年蓄水发电
机组飞速旋转不知疲倦
改造升级踏上时代步伐
清洁能源助推绿色发展
智慧的水电人团结苦干
安全生产超越 7000 天
上游青山秀水白鹭成行
下游奔腾汉江造福两岸
防洪发电促经济保家园
汉江明珠散发光芒无限

新时代　再出发
十九大精神的号角催心间
年轻一代传承发扬堪重任
电站上下笃定心志登峰巅
不变的是为千家万户输送光明
是一江清水润泽祖国心田
是人民电业为人民的那颗初心
是服务人民美好生活需要的落脚点
前方的使命更重更大
推动清洁能源谋在前
全国一流智能化的目标在招手
世界一流能源互联网的号角在呐喊
无畏的水电人早已扬鞭
奋斗不息
久久为功
献礼建国七十周年我们阔步再向前

盛　开

毛雅莉

（一）侧卧太湖

太湖是一个梦
在橘红的晨曦里醒来
葱茏的植被扑进我的眼帘
在清脆的鸟鸣里
栀子花的清香浸润我的心脾

晶莹的露珠
潮湿的味道，远在天边
仿佛又近在咫尺
那湖水是谁最后一滴
离别的眼泪

再次醒来
烟雨缥缈的湖水
已被举在生命的高处
顶礼膜拜

（二）你的盛开我没有错过

来到无锡

和风日丽

一滴雨都没有飘落

直到今晨

润物无声的雨悄然而至

我以为

你不会开花了

毕竟你孤零零的矗立枝头那么久

原以为这就是你的模样

没有想到

你竟然喷出了花骨朵儿

有些清瘦

纤细中韵味使然

有些丰腴

像是那含着泪花的笑涡

楚楚可怜中

让我怦然心动

我甚至不敢

不敢凑上前去

轻轻聆听你的诉说

害怕把你香甜的梦境打破

季节四时轮回
生命有苦有乐
人生有聚有散
岁月有你有我

幸好
你没有放弃盛开的梦
还好
我没有错过你的盛开

赞美你啊　安康电站

张引玲

三十年斗转星移　三十年汉水东去
啊　辉煌安电　带给你一个巨大的惊喜
啊　辉煌安电　告诉你一个盛世的奇迹

我约你漫步在彩虹里
看　电站大坝云蒸霞蔚　昂然雄起
听　电站安全生产创新的优美乐章
悟　电站履行社会责任的庄严承诺
感受电站优质电流发出的强劲呼吸

我约你徜徉在电站厂房里
明净整齐有序的发电机组让你耳目一新　感慨万千
轰鸣的发电机声正在发出时代最强音
高歌的乐声谱写出安全保发电新的篇章
汉江明珠　安康电站正以新的面貌矗立于巴山之巅　汉水之上

曾记否　到中流击水　浪花四溅
四台水轮发电机组机引水板改造

110 千伏　330 千伏　GIS 设备整体改造等几十大项工程的成功
奏响了一曲曲安全生产新的赞歌
滚滚江水传颂着一个个动人的故事
日月星辰见证了安电人拼搏奋进　争创一流的豪情壮志

发电二十九年来　安全生产稳步上升　累计发电量达 630 亿千瓦时
安全度过一万立方米每秒洪水 26 余次
2011　9·18　电站水库削减洪峰 4200 立方米每秒　拦蓄洪量 5.9 亿立方米
2010　7·18　特大洪水中　电站水库将五十年一遇洪水降低为二十年一遇
取得了良好的经济效益和社会效益
实现了人民电业为人民的庄严承诺

全国文明单位　五一劳动奖状　全国安全生产先进单位
一项项至高无上荣誉的获得
再次坚定了安电人顽强拼搏　奋勇向前的铿锵斗志
去开创企业辉煌发展的新天地
开创属于安电人的一片蔚蓝天空

我想约你去办公楼看一看
那里的管理层正在聚精会神为企业筹划下一个辉煌目标
制定出一项项可行性方案
安全生产　企业文化　社会责任有力提升

企业软实力硬实力进一步增强

我约你行走在安电人的生活区

葱郁茂盛　繁花似锦的优美景色让安电人享受到企业的兴盛家的温馨

篮球场　体育馆　休闲广场　文化广场

安电人朝气蓬勃　积极向上的身影无处不在

企业文化建设已落地生根

二十九年前这里山寒水廋　人烟稀疏

二十九年后这里浓郁丰硕　人声鼎沸

安康市马坡岭已成为安电人快乐家园

二十年春华秋实　二十九年日新月异

啊　辉煌安电告诉你一个精彩传奇

啊　辉煌安电告诉你一个时代瑰丽

我们相信　只要是生活在安康这片热土　生活在马坡岭的安电人

都会对安康电站这四个醒目熟悉的大字充满深深的眷恋和永恒的爱意

这份眷恋是九百多颗心跳荡漾出的幸福涟漪

这份爱意是九百多双脚步追求梦想的人生接力

今天我要把一份岁月的感动送给你　我　他

二十九年时光荏苒的大变化

让电站里里外外改变了模样
揭开了建设“一强三优　一流智能化水电厂”崭新的历程
安康电站将跨入未来大发展的行列里

二十九年沧海巨变　二十九年披荆斩棘
啊　辉煌安电告诉你一个公开的秘密
啊　辉煌安电告诉你一个永恒的真理
解放思想　实事求是　发展才是硬道理
实现中华民族伟大复兴的中国梦　凝聚全部力量
这些最朴实的话语将一路引领我们走向新时代
一个伟大的时代大发展从此奏响了前进交响

这是一部由八百余名安电人集体创作的奋斗进行曲
和弦弹奏的中国梦　我们的梦
再次融入“发展安电　实现梦想”的旋律中
“努力超越　追求卓越”的企业精神
向人们　向社会
展示了辉煌安电　锦绣河山　风光无限

赞美你啊　辉煌安电
讴歌你啊　创新安电
我们要大声地歌唱
安电明天　更加美好
我们祝福
辉煌安电　更加辉煌

修业必先修德　用心成就事业

赵永军

花草缺水会枯萎
孩子溺爱易变坏
万物皆有当行可循
万事皆有得失可辨
人类　以文化推进人类文明进程
人类　以道德衡量人类文明行为
人生　是做一场耗尽时光的旅行
人生　是来一回生命转世的修行
不经风雨　怎见彩虹
不经磨难　何得正果
生生世世　口谕相传　文字记录
留下了绝对经典

你我　世代中国人
呱呱落地　生命之初
就接受着　博大精深
中华文化道德的熏陶育教
羊有跪乳之情　鸦有反哺之义

为人子女者　百善孝为先
愿得一人心　白首不相离
为人夫妇者　必倾注互敬互爱真情
养不教父之过　教不严师之惰
为人父母者　应对子女施教
唯宽可以容人　唯厚可以载物
为人处世者　重义包容厚道
你我　无论在人生仕途中
出现的何种喜怒哀乐　情感波动
喜　大喜易失言
怒　大怒易失礼
哀　大哀易失颜
乐　大乐易失察
总有中华名言古训哲理
让你我瞬间
大彻大悟　明白道理
漫长的历史　是一面明镜
人性善恶　做事对错
总会在镜中留下影子
让后人评判学说
修身　为做人之根本
修业　必先修德

天下兴亡　匹夫有责
国家子民　国之命运维系已之生存

靖康之耻　满清儒弱

历史昭示着后人

砥砺前行　不能忘怀

今天　你我为新时代中国人而骄傲

星星之火可以燎原

只有中国共产党

救民族于危难

你我　中国人

为自强不息　强民强军强国

中华民族才能复兴

实现伟大的中国梦

站在这里

你我　安电人

四十八年奋斗历史记载着

1970 年 10 月 7 日　公司成立

1970 年 11 月 20 日　白河简易变电站投运

从区域内的分散　单片供电

到陕西联网　环网

从无到有起步　向坚强的迈进

九层之台　起于累土

虽无经历创业者场景

但能感受到迈步的艰辛

站在这里

师傅的话语　回荡耳边

安康特大洪水抢险
飞奔江西抗冰抢险
奥运赛场外的保电
十九大冀北支援保电
一条条线路　一座座钢塔
无不镌刻他们
锲而不舍　舍生取义
不怕牺牲　敢于担当
与国家　企业共存亡的高尚情怀
站在这里
你我洋溢着青春笑脸
前事不忘　后事之师
以古为鉴　可知兴替
今天的国家电网已聚焦
三型两网　世界一流的战略目标
你我　已登上时代舞台
续演着电网发展辉煌大戏
岁月不居　时节如流
也许不远将来
你我都将蜕变为传承人的角色
去言传身教下一代　接力者

一片丹心寄深情

——国网陕西省电力公司物资公司五十年以上党龄老党员采访录

徐 浩

他们曾经

风华正茂　意气风发

迎着共和国的第一缕曙光

以无比兴奋与期待的心情

跃入时代的狂潮　挥洒崭新的人生

面对开天辟地的宏伟大业

他们青春的面庞

散发着革命英雄主义和浪漫主义的气质

年轻的心脏澎湃着

专属于那一代人特有的豪迈与激情

熔炉烁金　大浪淘沙

在千百次的洗礼中　他们拥有了

无比坚定的信仰　执着无悔的追求

纵然寒来暑往　日月轮转

但他们的心中　党旗永远高扬　初心从未改变

入党五十载　忠贞一世情
今天　岁月的犁耙在他们的脸颊播下的是沧桑
收获的却是满满的忠诚
他们衷心希望新一代电力物资共产党人
党魂永远不老　信仰世代相传　目标渐行渐近

铿 锵 玫 瑰

王启蒙

在茫茫的人海里面你是最平凡的一个
没有华丽的外衣　更没有粉妆的面容
你奔走在银色的线路下
巡视在一串串设备之间
走过崎岖与坎坷
只为仔细地看　静静地听
那银色线路与座座铁塔之间交织的美丽画卷与音符
这就是我们的电力女职工
无私奉献精神的浓缩

无须华丽的辞藻　更没有鲜花与掌声
但你仍奋斗在设备间　铁塔下
用你那柔弱的双肩扛起电力保障的重任
无论严寒酷暑　不畏风吹雨淋
电力建设发展的征程中总有你的身影
维修工具在你们粗糙灵巧的手里
描绘出一幅幅绚丽的画卷
你用布满双茧的手带给现代社会五彩缤纷的生活

其实你很美丽　也很伟大
你以工区为家
设备前摸爬滚打
一次次挥汗如雨
娇俏的面庞过早地爬上了岁月的痕迹
走过春秋　度过冬夏
谁说你们比男爷们差
谁说你们不美丽
工装下的你被亲切称作蓝色天使

家里有许久未见的孩子与父母
但电力发展的重任刻不容缓
你毅然决然地放弃了团聚
坚守在工作岗位上
一坚持就是一辈子
你将最美的青春无怨无悔的奉献给了电力

是你默默无闻不计报酬地维护电力
才让那偏远的山区和那闭塞的角落
不再有黑暗
你们在成长　你们在壮大
你们用行动在展现一名电力女职工也能一样的出色
努力超越　追求卓越
女职工也能建功立业争创神话
安全与工作两手抓

创标兵　规范化
巾帼不让须眉
你们是电力之花
铿锵玫瑰

我 的 旅 程

——记在秦道变投运回程的路上

叶晓林

月儿弯弯
我在路上
颠颠簸簸
携夜色而行
背后退去的灯光
是秦道变温柔的眼

公路静悄悄的
小山丘陵俱静
叠影重重
鸟雀也闭口不言与树同眠
于是
黑夜锁紧窗扉
掩去月华的光彩
好让不速之客早早离开

叹息复叹息

深重轻寒的夜
即便是灯光也撕不开一星半角
我失望地转身加快脚步
忘记了行囊中的灯盏

冰轮陡转
银色的纱幔笼罩大地
万物酣然入梦
夜色行行止止指引着黑甜之乡的方向
此刻
黑
如此温柔

我枕着一窗银辉而眠
黑夜吻过我的额头
而明天
当太阳越过杆塔上头
我将踏着满地金色
开始新的旅程

这一年 我们在变电一线

刘洲洲

这一年 我们在变电一线中成长
每天起床的时间从中午十二点 变成早上七点
睡觉时间从晚上十点 变成晚上凌晨几点
这一年 我们在变电一线中成长
工作中 开始接触形形色色的人
聊天的话题从游戏更多变成工作 房子和车子
这一年 我们在变电一线中成长
见到亲戚朋友不再问你考试考试成绩
更多是问现在一个月的工资是多少 什么时候结婚
这一年 我们在变电一线中成长
开始不再单纯考虑个人的衣食住行
渐渐地开始替父母 领导 朋友去着想
这一年 我们在变电一线中成长
不再乱买东西
月底计算着信用卡 花呗 账单还有多少
这一年 我们在变电一线中成长
每天早晨不在考虑作业做完了没有
早上起来会到主控室区观察异常光字消了吗

这一年　我们在变电一线中成长

偶尔一个人的时光

会沉思变电站可能发生的事故并作出预想处理

这一年　我们在变电一线中成长

我们开始追逐梦想

不再一个人轻易流泪　不会为一点点挫折而放弃

这一年　我们在变电一线中成长

把遇到的故障问题　都当作人生所要面对的困难

试着去包容　忍耐　解决

这一年　我们在变电一线中成长

渐渐下班开始后远离城市的喧嚣

喜欢亲近自然　喜欢健康的生活方式

这一年　我们在变电一线中成长

回想年少时的轻狂

渴望逆风去展翅翱翔　却屡屡受伤

现在已经回不去那个纯真时代　回不去了

国 网 三 问

——致每一位国网检修新员工

于樊雪

2018 年 7 月

我们步履匆匆　我们青春正好

我们彼此在国网检修公司初遇

我们的羽翼还未见丰满

我们的志向还不曾远行

就急急忙忙踏上了国网的列车

如果有人质疑我的能力

我会这样说

我将用线做笔

连接起城市的边边角角

一头是白天　一头是黑夜

让责任和使命铭记心底

我将用脚丈量

让每一股热流穿过祖国的万水千山

一头是严寒酷暑　一头是风霜雨雪
让忠诚和奉献流进血液

我将用心作画
描绘出温暖的万家灯火
一头是小家　一头是大家
让思念和牵挂藏进诗里

如果有人怀疑我的声音
我会这样说

今天我们来自五湖西海
明天我们散作满天星辰
总有一天
我们会遍布在每一个电力岗位上

今天我们以青春作曲　理想作章
明天我们以大山为伍　风雨为伴
总有一天
我们会成长为新一代的中流砥柱

如果有人问起我的名字
我会这样说

我们是这个时代最可亲的人

守护着万里长空下
夜晚星辉点点
把真情的灯火送向远方

我们是这个时代最可敬的人
背负着百姓的希冀
顺着锃亮的平行线
把动人的五线谱画在天际

我们是这个时代最可爱的人
为光明中国而奋斗
为创造奇迹而努力
把平凡岗位书写成不平凡

如果非要说一声感谢
那就感谢国网检修公司这个平台
将见证我们从雏鹰壮变成雄鹰
将见证我们努力超越追求卓越

如果非要说一声感恩
那就感恩检修公司的每一位前辈
将带领我们开拓下一个世纪
将带领我们实现下一个梦想

此时此刻

我们整装待发　无上荣光

此时此刻

我们高歌壮丽　豪情万丈

歌声和笑语

光荣与梦想

像明媚的春光

洒落在我们的身上

圆梦特高压试验工程

惠　华

豪情万丈的电抗器挺拔铮铮
英姿飒爽的分压器微笑盈盈
党员突击队的红旗迎风舞动
特高压的故事被你我传颂
为了榆横特高压早日运行
我们齐聚巍峨的门型架下
大家共赴宏伟的榆横站中
任凭狂风四起　飞沙翻腾
哪怕骄阳炽烈　挥汗不停
你我的脸庞　被晒得通红
急难险重　都有党员身影
只为努力超越的信念
履行追求卓越的使命
从雄鸡啼鸣　到满天繁星
努力拼搏　众志成城
电闪雷鸣　无法撼动现场的安全警钟
大雨倾盆　不能冲去品质的精益求精
坚持不懈　万里征程

无怨无悔　岗位建功
看　试验人员有条不紊
听　指挥人员洪亮之声
精密仪器绘制精彩诗篇
翔实数据谱写壮美画卷
特高压已跨越一座座山峰
横贯大江南北　联结九州西东
铸就一张张电网　描绘一幅幅风景
为全球互联网做保障
为“一带一路”提供支撑
设备再重　重不过肩头那份责任
铁塔再高　高不过心里的中国梦
勤奋前行　努力攀登
圆梦特高压试验工程

采 访 笔 记

段捷智

蘸着太阳写我的采访笔记
将积攒的奔跑和呐喊献给电网
用一缕彩云谱一曲电网歌
唱暖电流的浪漫　唱亮铁塔的铿锵
在卓越中超越　电网人是火
在超越中卓越　电网人是光
熠熠火光化作爱的闪电
大地飞虹　托起太阳
太阳深处　传来一个诗人的声音
黑夜给了我黑色的眼睛
我却用她来寻找光明

（一）

采访一位喜欢抒情的基层电工
我们以诗意的谈心放飞中国梦
光芒　从他的心口奔涌而出
他的身影似一道用电流点燃的彩虹

他说
我是风　来自遥远的星空
在地球上寻找风的歌声
用贝多芬的音符谱写电网畅想曲
我大声镗鞳　情燃苍穹

他说
我是光　来自遥远的星空
在地球上寻找光的身影
把人生片羽夹在电网的书本里
我挽着太阳　与梦同行

他说
我是从蓝天穹谷间下凡的星星
点亮七彩的大地是我神圣的使命
脚印被太阳晒成青铜的诗
我披霞踏露　种植光明

（二）

我在秦岭深山采访一名架线工
他黧黑的脸上总是挂着羞涩的笑容
电网　生命的一首情歌
丹心朝阳　喜看山高人为峰

他说

我在秦岭的风里站立或滚爬
仰望星空　身影成了一座铁塔
塔顶横担上跳跃着几只山雀
风中落下来一串鸟语的悄悄话
月亮把梦悬挂在铁塔上
铁塔影子里芨芨草偎依着鸡冠花

他说
我是国家电网的一寸导线
目光起伏在叠嶂山峦
是谁摇响季节的风铃
是谁的歌声回荡在蓝天白云间
是谁的背影与铁塔重合
是谁的血液里滚动着大山的呼唤

他说
我是电网五线谱的一根琴弦
日月弹拨　承受雷电的考验
狂风和暴雨阻挡不了悠扬的抒情
琴声里　我的汗水滴落成花瓣
让风把思念捎给远方的她
面对天空，我唱起心中的爱恋

（三）

我采访一位施工队长的妻子

她是一家医院网红的白衣天使
月亮的微笑灿烂了电力“半边天”
她对丈夫的倾诉本身就是一首诗

她说
自从那一年你选择与电网牵手
便踏上了一条夸父追逐太阳的路
以洪荒之力扛起男人的担当
血脉里滚动着熔岩热流
你总是追求一种铁塔的质感与厚重
用银线系牢光明赋予的使命
你不让自己仅仅是自己
以电网的胸襟　拥抱蓝天的彩虹

她说
自从那一年我选择与你牵手
便注定了一个医生双重的忙碌
把我的秀发梳理成思念的瀑布
飞落在你穿风渡雨的征途
你说是电网的魅力牵着你的魂
特高压的火炬燃烧着你的心
我常常问你也问自己
你是与我结婚
还是与电网结婚

她说
我们结婚已经十年
你只有三个春节不在一线加班
春节前　幼儿园邀请家长座谈
我有个重要手术离不开医院
我们的小千金像个孤儿
老师说她懂事又可怜
前天　你们基地的工会主席
还有那个崇拜你的女徒弟
来到咱家走访我们娘俩
带来了慰问金和孩子的玩具
他们告诉我
你荣获国家电网公司特等劳模
他们说
劳模的功勋章由金银合成
金是你　银是我
他们走了　我哭了……

（四）

滚滚黄河　卷我千层波
巍巍大坝　锁我百丈浪
我用诗心孵化出一叶扁舟
荡漾在金秋的刘家峡水电厂

黄土千仞山　高峡出平湖

湖光山影　炳灵寺佛光点亮的风景
黄河上游的一颗高原明珠
一串绿色的音符在大西北滚动

这里是共和国最早的一个水电“龙头”
曾为西北电网的发展拔过头功
创业者的路标上没有句号
水轮机永远旋转在爱的奉献中

阅读水电厂的春夏秋冬
我的晨夕毕恭毕敬
被时间宠坏的诗句
拥抱山水间的映日别样红
这里献了青春献子孙的水电人
擦亮了寂寞的日子
点亮了金色的亲情　友情　爱情

心在哪里　哪里就有感动
爱在哪里　哪里就有风景
我的心沉在黄河的博爱里
纵情不拘的思绪在拦河大坝拾梦

从刘家峡的水力发电到十三陵抽水蓄能
从小浪底水利枢纽到长江的三峡工程
水电铁军山巅水涯地转战

为大地点赞　为江河抒情
让祖国的每一枝花朵实现它可能的色彩
云海盘龙　电光辐照的诗意升腾

（五）

风卷着我　我裹着风
风中飘来维吾尔姑娘的歌声
我走进达坂城风力发电站
心泉叮咚　一次与风能谈恋爱的采风

在乌鲁木齐去吐鲁番的途中
沿着通往达坂城的国道南行
数百台风力发电机擎天而立
数百座巨大的风车牵手博格达峰

风
从白云深处吹来的风
从大地皱褶吹来的风
从先祖眼神吹来的风
从天山沟壑吹来的风

王洛宾的一曲《达坂城的姑娘》
把这个丝路古镇唱红
有歌声的风一定有故事
于是　这里的风能变成了电能

达坂城的风　吹绿季节的梦
风能　飞旋出电流　飞旋出激情
大漠阅海　梦击长空
天地间　风电绽放出太阳的笑容

风力监控中心有一排排星星的眼睛
不知道是太阳还是月亮调度风电的运行
我站在喀拉塔格山脚下
用风光储运的思绪梳理诗情的秩序
绿色的向往　追风人飞翔的梦

太阳把我晒得黝黑
我在火电厂是一块煤
月亮把我照得柔醉
我在水电厂是一滴水
星星使我目光散漫
我在核电厂是不规则的铀枚
如今　我走进风力发电站
会不会是电站遥控线路板的一片晶硅

即使是一片晶硅
也要镀一层金色的衣裳
在风里　在梦里　发热发光
水中的火焰　火中的海浪
把灵感焊接在风能攀缘的电缆上

风以飞翔的姿势与阳光共舞
电以阳光的色彩洇染大地的梦
达坂城的风电是中国风电的一个缩影
中国的风电是世界风电的一种引领
水听涛声　让我们的眼光漂洋过海
山听松声　让我们的风电牵手地球和太空

（六）

风在阳光中斑斓
光在风的身后蔓延
我的笔　在梦的轻波里依洄
寻觅使人类走出蛮荒的光电之恋

托·富勒说　光是上帝的长女
我有一种冲动　想一窥她的靓丽
披霞踏露　我打开光芒之门
走进上海交大光伏发电科研基地

面对这里一排排先进的试验仪器
面对烈日下挥汗组装光伏设备的男女
我脑海突然跳出阿波罗和他的金马车
继而还闪出一个词　鞭辟入里

光
盘古开天辟地的光

蓝田猿人钻木取火的光
太阳女神羲和制定时历的光
普罗米修斯点燃火种的光

登步高山苍莽　豪饮峰罡
沉潜河底沧茫　吞吐涛浪
光拥抱电　电亲吻光
光电联姻　月老是太阳
清风在我的头顶裸奔
太阳能　你的背影我的目光

访问光伏基地的那个晚上
我做了一个梦，梦见
云把天空挖了个洞
从太阳的腹部　捧出一枚心形水晶
不知道　太阳的心头储存了多少爱
只知道　它送我一盏光伏点燃的灯
在梦与醒的边缘　我寻觅
寻觅一双多情的眼睛
寻觅一种心灵的感应
我把爱酿成光能　把如电的她
爱成我的火焰　爱成一种生命的彩虹

格律诗词

GELüSHICI

永遇乐·献礼建国七十年

王馨瑶

风雨兼程，砥砺前行，不忘初心。与时俱进，改革开放，谱写新辉煌。载人航天，两弹一星，傲立世界之巅。七十载、岁月如歌，筑梦伟大征程。

乱云飞渡，筚路蓝缕，难阻奋斗之途。务实求真，勇于作为，春风遍地吹。日出东方，浩浩汤汤，缔造大国荣光。乘长风、破万里浪，复兴在望！

六州歌头·献七旬国庆

汪　鑫

抛颅洒血，焕然世界东。抵北熊，搏鹰空。笑谈中，御长风，一时九州红。破旧孔，均田垄，兴农工，亿民同。无限风光，润之平险峰，沥胆周公。两弹怯列强，一星挽雕弓，漫卷西风，东方雄。

巨擘如邓，春雷动，启岗艋，筑鹏艟。宁百姓，国运盛，华夏兴，诸海平。更建中华梦，初心永，戮力行。贫富共，青山重，绿水浓。遥造天宫，伴月嫦娥映，玉兔寻踪。寄百年国庆，望七彩桀凤，究落梧桐。

国网赞歌

张国伟

癸巳年夏，窗外蝉鸣贯耳，持报观之，神十携手天宫，嫦娥九天揽月，心激荡漾，然尚有挂念在胸，忧烦亦具；俯首告爷夺门去，举头无方耀目盲，忽闻乐起身畔，接之。国网聘书至，阿爷喜告之，喜乐自心间，倒履匆回宅，手捧似金细阅之，梦回今日持笔时，匆匆已赴五年情，且将见闻共享之，以赤子心正视听。

以上的种种正是我接到国网聘书时的激动心情，当时我的想法还很简单，单纯地充满了拥有“铁饭碗”的喜悦，可是当我进入国网，慢慢地接触身边的人和事后，才发现这份工作并没有那么简单惬意，它责任重大，影响广泛，就如同名人所说，能力越大，责任越大，抢修人员的风吹日晒，调控人员的彻夜不眠，营销人员的优质服务，都深深地影响着我，一起起事故抢修，一个个无名英雄，一幕幕精彩的国网故事每一分一秒都在发生，让我们一起走入其中，打开这页暴雪漫天的一篇。

暴雪狂乱欺塔折，万户焦急明灯灭；
雪盖路封车难行，徒步前进心至坚；
肩挑背扛俯首忙，不畏严寒不畏险；
心系群众用电荒，饥肠汗侵复电忙。
全球五百强中强，勇夺榜眼缓称王；

何以谓之大电网，线路超过亿米量；
供电覆盖全中国，可靠赶超美英德。
绿色品牌耀四海，清洁能源两替代。
社会责任胸中待，慈善奉献应常在；
全球能源互联网，海外扶助人皆赞。
智能电网科技棒，升压降损合理强。
研发创新鲁班奖，拿到手软没商量。
两个一流不能忘，两越精神伴耳旁；
厉兵秣马上战场，四个服务似杆枪；
文化强企如美酒，拍坛酒香溢心间；
奉献建设和谐邦，万古长存酒愈香。

沁园春·光明颂

邱智文

铁塔之端，再入云霄，换尽旧颜。

架千里银线，绵延四方，万盏明灯，映衬星河。

跨江渡河，攀山越漠，只恐光明送未达。

待回头，望祖国上下，锦绣前程。

凌云壮志如前，又岂料多难来砺身。

幸手矫身健，风雨无阻；情深难断，复命为任。

如电如歌，热血激荡，守护万家展笑颜。

吾何憾，看民强国富，电网男儿。

满庭芳·电力工人

雷　蕾

才战湘河[1]，又鏖白玉[2]，检修指令连连。闻声而动，昼夜总无关。踏月归来困倦，回首望、灯火阑珊。却雷响，忧心满腹，梦里亦无眠。

更年年岁岁，痴心未改，壮志犹坚。但换得，千灯映照商山。轻叹韶华易逝，容颜老、华发新添。从来是，情托电力，味苦自甘甜。

注解：

[1] 湘河为变电站名称。

[2] 白玉为变电站名称。

念奴娇·又到延安

李 荣

炎天初暑，酷阳骄，一路北驰千里。又到延安曾去处，宝塔静清灵气。二水相交，三山鼎峙，要塞相争地。寂声尘尽，叹英雄总无觅。

千古还看今朝，星移物转，佑照乾坤世。几个青春甘奉献，留在茆梁足迹。不畏艰难，乐于吃苦，黄土能澄碧。金山银水，万般都是情意。

七律·中国梦

雷　蕾

中华烟雨几时休，望断千年未见愁。
旗旆裂风扬四海，鼓声摄魄斥诸侯。
韶光无限情豪逸，春色正浓志满踌。
使命既得昂阔步，初心不改竞芳流。

沁园春·改革开放

王　坚

立国图强，大同世界，寻路彷徨。放眼望寰宇，世事沧桑。邓公心虑：革命成功，百姓困顿，华夏大地，缘何这般模样？

国之兴，唯解放思想，杀开血路。决断改革开放，无论姓资社学人长。即恢复高考，拨乱反正，允许先富。小岗手印，义乌市场，深圳特区，经济建设为中心。步未停，中华五千年，复兴在望。

九张机·我与国行

汪　鑫

一张机，昔时春寒莺初啼，新雷滚滚雨淅沥。殷殷切切，铸成春望，众盼万象启。

两张机，七彩岭外烽火起，三仙岛侧炮声疾。秦巴山深，江汉水远，立志寄如伊。

三张机，几度风雨几度晴，春浓华盛显生气。恰似芳华，宛若豆蔻，紫荆花并蒂。

四张机，秦峰黛色破初晓，阑珊尽处湿蓝衣。携梦国网，筑心光明，与月东南行。

五张机，暑时日高汗雨滴，冬来雪后印行迹。草木寸心，春晖岁载，莫言前路曲。

六张机，春尽安全心中系，秋留客声雁字啼。朝朝暮暮，白驹过隙，栖居挽旦夕。

七张机，纯心葆色入党群，领航兴企引党旗。锤筋炼骨，梅香益远，碾作尘与泥。

八张机，荐做轩辕献碧血，漫道雄关势如铁。征程途上，使命胸中，何惧风和雪。

九张机，不觉两鬓染秋霜，家国愈兴历沧桑。儿及弱冠，女为髫年，齐家共炎黄。

八声甘州·电与国行

汪　鑫

旧潇潇华夏夜茫茫，轮月洒银霜。渐站长星步，杆塔林立，银线织网。葛洲坝上平湖，巍巍三峡昂。望长城内外，晚照如阳。

五交五直飞架，领能源互联，翻山越洋。亮万家灯火，载清洁风光。建三型，续献佳绩；构两网，创新启航。真如我，倚阑珊处，激情飞扬。

七律·商洛电网

雷　蕾

铁塔迎风望九天，横穿秦岭线来牵。
争知冷暖情常切，直面艰难志也坚。
电母奔腾辉永夜，灯光归隐入荒烟。
痴心尽付随君意，伴得人间更好眠。

七律·输电塔

李 荣

将军铁骨傲山巅，笑谈风霜任暑寒。
百尺忠节羞落后，一生义气勇为先。
铮铮岂是无情系，缕缕焉非有意牵。
要把人间都照亮，电流日夜入丝弦。

抒 已 志

张国伟

秦汉忆往昔，沣水裂东西[1]。

空港机风起，泾渭分明依[2]。

至疾震寰宇，光溢烁古今[3]。

吾以佳木栖，释已鸿鹄击[4]。

注解：

[1] 来到西咸，古时此处为秦汉故地，寓情于景回忆起往昔繁荣，叹朝代变更；行至沣河，看到了这条古时将周朝丰、镐二京分裂至河之两岸的壮美河流，叹气造物之神奇。

[2] 转至空港，实现了古时鲲鹏展翅愿景的飞机载着西咸人的梦想乘风起航；面对泾渭，哺育两河儿女的同时也教导着人们是非分明的道理。

[3] 西咸新区选址优良精细，发展速度之快震惊世界，是时代的象征；西咸供电公司高效优质服务，使新区从古至今从未如此光明。

[4] 我选择了西咸就如同“良禽择木而栖，贤臣择主而侍”般到达了一个可以实现人生理想抱负的优秀公司；我也会将我的全部技能技术都贡献给西咸公司，成为西咸公司安全、高效、清洁发展的基石。

虞美人·夜暗香

汪　娇

秋风朗月撩窗竹，画眉声声促。往昔幕幕附云烟，心绪了然夜露深更嵌。

几多闲愁何以消，夜夜风寂寥。栀子暗香伴入梦，花事荼靡奈何秋一重。

虞美人·读画

汪　娇

一米阳光晔晔辉，风扶柳丝醉。愿得半日独清幽，卧于云霄览尽纸上愁。

意欲古人相携往，不语立画堂。一卷浮云半生梦，桃花庵主痴笑轻狂中。

卜算子·忆从文

汪 娇

闲来无事，翻看旧照，得此诗。

山青水凝重，水淌山妩媚。一江碧柔涟漪波，真情更似谁。
从文亦从纯，啼血心凝萃。遍开黄菊孤坟头，零落谁来陪。

沁园春·汉水

刘航谦

秦巴汉水，千里沃野，逶迤婉转。
溯源自秦岭，沛于巴山；滚雪奔腾，入楚荆川。
楚河汉界，兵戈前沿，英雄鞍马定江山。
夕阳斜，泛一叶扁舟，渔江唱晚。
银鹭水鸭舞蹁跹，鱼米飘香似江南。
感亘古未变，奔流不息；滋养两岸，富庶千年。
助汉邦兴盛，天下一统，西域臣服镇北番。
看今朝，建一江两岸，宛若画卷。

闻志愿军无名烈士遗骸回归

王　坚

硝烟散尽三千里[1]，
烈士无觅五百名。
自古英雄战沙场，
终得马革裹尸还。

注解：
［1］三千里意指朝鲜。

蝶恋花·三把刀

袁 欣

醉忆经年沙场勇，铁马金戈，将士誓与共。破天惊弓慑敌寇，青山苍暮捍忠骨。

轻风入梦曳红烛，胭脂铜镜，伊人泪如故。愿得皓月雁引路，将军戎马赴归途。

水龙吟·忆共和国十大帅

赵晓宁

二十纪始风云变，痛我神州昏暗。群雄并起，外敌侵略，民族多难。千载文化，泱泱华夏，谁堪其乱？看东西南北，工农千万，红旗举，枪矛战。

一代英雄纵览，帅十员，汗青垂范。朱彭林叶，贺刘徐聂，陈罗星灿。铁马金戈，狼烟横扫，气冲霄汉。念江山红遍，经风沐雨，沉浮犹叹！